高职高专项目式实践类系列教材

建筑工程制图与识图

主　编　张义坤

副主编　艾大利　朱　俊　蔡　娇

　　　　熊高明　张　杰　梁　华

主　审　滕　斌

西安电子科技大学出版社

内 容 简 介

本书根据土建大类对制图与识图技能的要求，并结合最新的国家制图规范、建筑工程制图课程基本要求编写而成，体现"教、学、练、思"一体化的思想。本书注重教学、训练以及"1+X"职业资格考试理论与技能知识的统筹，实现了由"以知识体系为中心"向"能力达标为中心"的转变，并借助 CAD、Revit 软件平台，以任务驱动的方式展开教学。

本书结合高职教育特点和实践经验，立足理实一体教学的原则，设计了 6 个教学项目，其中包含 26 个教学任务，最大限度地满足了任务驱动教学法的要求。本书从岗位实际出发，围绕岗位需求，与企业共同研讨识图技能定位，引入工程实际典型案例，结合教学规律整合教学内容，系统设计教学环节，培养学生识读施工图的能力，实现从单项能力培养向综合能力培养的转变。

本书可作为高职高专院校建筑施工技术、建设工程管理、工程造价等专业的教材，也可作为社会从业人员的技术参考书和培训用书。

图书在版编目(CIP)数据

建筑工程制图与识图/张义坤主编. —西安：西安电子科技大学出版社，2020.8(2021.5 重印)
ISBN 978 - 7 - 5606 - 5678 - 6

Ⅰ. ①建…　Ⅱ. ①张…　Ⅲ. ①建筑制图—高等职业教育—教材　Ⅳ. ①TU204.21

中国版本图书馆 CIP 数据核字(2020)第 076867 号

策划编辑　万晶晶
责任编辑　王　斌　万晶晶
出版发行　西安电子科技大学出版社(西安市太白南路 2 号)
电　　话　(029)88202421　88201467　　　　邮　　编　710071
网　　址　www.xduph.com　　　　　　电子邮箱　xdupfxb001@163.com
经　　销　新华书店
印刷单位　陕西精工印务有限公司
版　　次　2020 年 8 月第 1 版　2021 年 5 月第 2 次印刷
开　　本　787 毫米×1092 毫米　1/16　印张 15
字　　数　350 千字
印　　数　2001～4000 册
定　　价　38.00 元
ISBN　978-7-5606-5678-6 / TU

XDUP 5980001-2
如有印装问题可调换

序

"高职高专项目式实践类系列教材"是在贯彻落实《国家职业教育改革实施方案》(简称"职教 20 条")文件精神,推动职业教育大改革、大发展的背景下,结合职业教育"以能力为本位"的指导思想,以服务建设现代化经济体系为目标而组织编写的。在新经济、新业态、新模式、新产业迅猛发展的高要求下,本系列教材以现代学徒制教学为导向,以与"1 + X"职业资格考试结合为抓手,对接企业、行业岗位要求,围绕"素质为先、能力为本"的培养目标构建教材内容体系,实现"以知识体系为中心"到"以能力达标为中心"的转变,开展人才培养的实践教学。

本系列教材编审委员会于 2019 年 6 月在重庆召开了教材编写工作会议,确定了此系列教材的名称、大纲体例、主编及参编人员(含企业、行业专家)等主要事项,决定由重庆科创职业学院为组织方,聘请高职院校的资深教授和企业、行业专家组成教材编写组及审核组,确定每本教材的主编及主审,有序推进教材的编写及审核工作,确保教材质量。

本系列教材坚持理论知识够用,技能实战相结合,内容上突出实训教学的特点,采用项目制编写,并注重教学情境设计、教学考核与评价,强化训练目标,具有原创性。经过组织方、编审组、出版方的共同努力,希望本套"高职高专项目式实践类系列教材"能为培养高素质、高技能、高水平的技术应用型人才发挥更大的推动作用。

高职高专项目式实践类系列教材编审委员会
2019 年 10 月

高职高专项目式实践类系列教材

编审委员会

前　　言

工程图是工程界的共同语言，看懂图纸并把图纸的信息准确、有效地传递给操作层人员是施工现场专业技术人员必须掌握的基本技能。高职土建类专业培养高素质的土木建筑行业工程技术技能型人才，要求他们能够从事施工现场专业技术及管理工作。因此，使其掌握施工图的识读能力具有很强的实用性、必要性和重要性。

本书内容新颖、应用范围广、适应性强，基本涵盖了土建工程中所涉及的识图与绘图项目。本书的主要特色如下：

(1) 以任务驱动，每一个教学任务都设计了"任务目标＋任务分析＋知识链接＋技能训练＋思考与拓展"五步教学结构，为学生提供一种边学边练的学习方法。

(2) 注重教学内容的实用性和新颖性。本书精选的实训遵循由浅入深、循序渐进、可学习性强的原则，将制图的知识点融入各个实训任务中。

(3) 以教师好用、学生易学为出发点，将识图与绘制作为贯穿全书的主线，重点培养学生识图和绘制建筑图样的能力。

本书由张义坤任主编，艾大利、朱俊、蔡娇、熊高明、张杰、梁华任副主编。具体编写分工如下：张义坤(实训项目一、四)、艾大利(实训项目三)、朱俊(实训项目二中的任务一、任务二)、蔡娇(实训项目六)、熊高明(实训项目五中的任务一、任务二)、张杰(实训项目五中的任务三)、梁华(实训项目二中的任务三)。本书由张义坤统稿，滕斌担任主审。在编写过程中，编者参考了大量的文献资料，在此对相关作者一并致谢！

由于编者教学经验和学术水平有限，编写时间仓促，本书难免有不妥和疏漏之处，敬请广大读者批评指正。

读者可通过扫描下面的二维码浏览本书中配套的施工图。

编　者

2019 年 12 月

目　　录

实训项目一　建筑投影基本知识与应用

 项目分析

　　我们生活在一个三维空间里，一切形体都有长度、宽度和高度。我们可以把一个形体看成是由点、线、面组成的空间物体。如何才能在一张只有长度和宽度的图纸上，准确而全面地表达出形体的形状和大小呢？这就是学习本项目需要完成的任务。

项目目标

　　(1) 能够正确理解投影的概念，并且能运用其投影特征。
　　(2) 能够根据投影的知识绘制点、线、面的投影图。
　　(3) 能够绘制基本形体的投影，掌握组合形体的分析方法，并且能利用轴测投影绘制其轴测投影图(简称轴测图)。

能力目标

　　(1) 有一定分析形体投影的基本能力。
　　(2) 培养较好的空间想象能力，能够识读组合形体的投影图。
　　(3) 能利用轴测图辅助分析较难的组合形体。

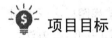 任务一　投影法及建筑形体的三面投影图

任务目标

　　(1) 了解投影法的基本知识及正投影的原理与特性。
　　(2) 理解三面投影图的形成过程及投影之间的对应关系。
　　(3) 掌握绘制建筑形体三面投影图的基本方法及技能。

图形是表示工程对象结构形状最有效的方法之一，工程图样采用正投影原理绘制。掌握正投影的特性有助于快速、准确地表达建筑形体的结构形状。那么，如何用图示的方法表达如图 1-1-1 所示的建筑形体的形状构造呢？

图 1-1-1　建筑形体

在工程实践中，不同行业对图样的内容及要求虽有不同，但主要的工程图样广泛采用正投影原理绘制。本任务主要介绍正投影的投影特性和建筑形体三面投影图的绘制方法。

一、投影的基本知识

当有光线照射物体时，在地面或墙面上便会出现影子，影子的位置、形状随光线的照射角度或距离的改变而改变，这是日常生活中常见的投影现象，人们从这些现象中认识到光线、物体和影子之间的关系。我们归纳总结出在平面上表达物体形状和大小的投影原理及作图方法，如图 1-1-2 所示。

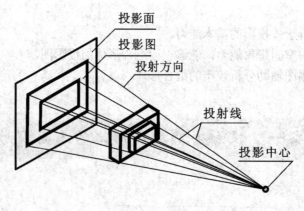

图 1-1-2　投影图的形成

(一) 投影法的分类

投影一般分为中心投影和平行投影两大类。平行投影可分为两种：平行斜投影和平行正投影(以下简称正投影)。

1. 中心投影

投射线都是由投射中心发出的，这种投影方法称为中心投影法。由此得到的投影图称为中心投影，如图 1-1-3(a)所示。

2. 平行投影

当投射中心距投影面为无限远时，所有投射线成为平行线，这种投影方法称为平行投影法，由此得到的投影图称为平行投影图。平行投影可分为平行斜投影和平行正投影。

(1) 平行斜投影：投射线倾斜于投影面所画出的平行投影称为平行斜投影。斜投影的特点：不能反映物体的真实形状大小，作图较复杂，直观性强。工程上常用于绘制辅助图样，如图 1-1-3(b)所示。

(2) 平行正投影：投射线垂直于投影面所画出的平行投影称为平行行正投影，如图 1-1-3(c)所示。正投影的特点：绘制的图样不但能够准确反映物体的真实形状和大小，而且度量性好，作图简便，但直观性差。工程中的图样广泛用正投影法绘制。

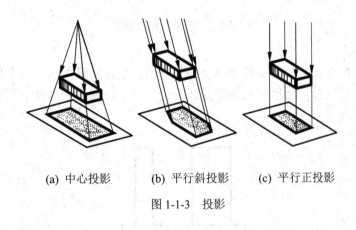

(a) 中心投影　　(b) 平行斜投影　　(c) 平行正投影

图 1-1-3　投影

(二) 工程中常用的四种投影图

根据不同的需要，可应用以上所述的各种投影方法得到工程中常见的四种投影图。

1. 透视投影图

按中心投影法画出的透视投影图，如图 1-1-4 所示。其优点是只需一个投影面，图形逼真、直观；但作图复杂，不能直接在图中度量形体的尺寸，故不能作为施工依据，仅用于建筑设计方案的比较及工艺美术和宣传广告等。

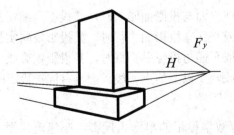

图 1-1-4　形体的透视投影图

2. 轴测投影图

轴测投影图(也称为立体图)是平行投影的一种图，画图时只需一个投影面，如图 1-1-5 所示。这种投影图的优点是立体感强，非常直观，但作图较复杂，表面形状在图中往往失真，只能作为工程上的辅助图样。

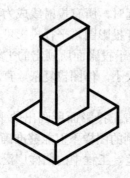

图 1-1-5　形体的轴测投影图

3. 正投影图

我们采用相互垂直的两个或两个以上的投影面，按正投影方法在每个投影面上分别获得同一形体的正投影，然后按规则展开在一个平面上，便得到形体的正投影图，如图 1-1-6 所示。

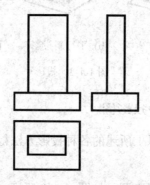

图 1-1-6　形体的正投影图

正投影图的优点是作图较简便，便于度量，工程上应用最广，但缺乏立体感。其投影特征如下：

(1) 类似性：当直线或平面与投影面倾斜时，其投影为缩短的线段或缩小的平面。

(2) 全等性：当直线或平面与投影面平行时，其投影反映实长或实形。

(3) 积聚性：当直线或平面与投影面垂直时，其投影积聚成一点或一直线。

(4) 重合性：与两个或两个以上的点、线、面具有同一投影时，称为重合投影。

4. 标高投影图

标高投影是一种带有数字标记的单面正投影。在建筑工程上，常用它来表示地面的形状。作图时，用一组等距离的水平面切割地面，其交线为等高线。将不同高程的等高线投影在水平投影面上，并注出各等高线的高程，即为等高线图，也称为标高投影图，如图 1-1-7 所示。

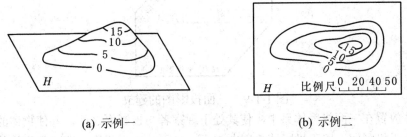

(a) 示例一　　　　　　　　　　　　(b) 示例二

图 1-1-7　标高投影图

(三) 三面投影图的形成及其对应关系

将物体放置在投影面和观察者之间，观察者的视线为一组相互平行且与投影面垂直的投射线，用正投影的方法在投影面上得到物体的投影。在一般情况下，物体的一个投影或两个投影不能完整地确定物体的形状结构。不同的三维立体在同面投影中其投影可能是相同的，如图 1-1-8 所示，因此物体的投影应采用多面投影图来表示。在这里我们主要介绍三面投影体系。

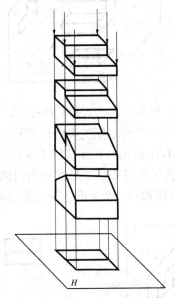

图 1-1-8　多个物体的单面投影

1. 三面投影图的形成

设立三个互相垂直相交的投影面，构成三面投影体系，如图 1-1-9 所示。三个投影面分别称为正立投影面 V(简称正面)、水平投影面 H(简称水平面)、侧立投影面 W(简称侧面)。

两个投影面的交线 OX、OY、OZ 称为投影轴，三个投影轴互相垂直相交于一点 O，称为原点。

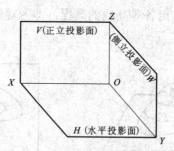

图 1-1-9　三面投影图的建立

将物体放置在三面投影体系中，使其处于观察者与投影面之间，并使物体的主要表面平行或垂直于投影面，用正投影法分别向 V 面、H 面、W 面投影，即可得到物体的三面投影。如图 1-1-10 所示，三个投影分别称为：

(1) 正面投影：由前向后在 V 面上所得到的投影。

(2) 水平投影：由上向下在 H 面上所得到的投影。

(3) 侧面投影：由左向右在 W 面上所得到的投影。

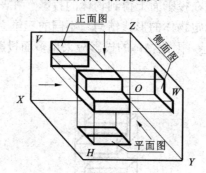

图 1-1-10　三面投影图的形成

为了绘图方便，需要将处于三个投影面的投影展开到一个平面上。

投影面展开的方法如图 1-1-11 所示。正面保持不动，水平面绕 OX 轴向下旋转 90°，侧面绕 OZ 轴向后旋转 90°。投影面展开后 Y 轴被分为两部分：在水平面的 Y 轴称为 Y_H；在侧面的 Y 轴称为 Y_W。这样就得到同一个平面上的三面投影图，如图 1-1-12 所示。

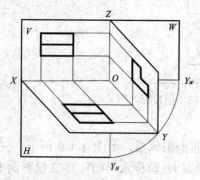

图 1-1-11　投影图展开

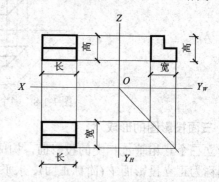

图 1-1-12　投影图

在绘制物体三面投影图时，建议初学者采用细实线画出投影轴，并且将形体的可见轮廓线用粗实线表示，不可见轮廓线用细虚线表示，图形的对称中心线或轴线用细点画线表示。粗实线与任何图线重合画粗实线，虚线与细点画线重合画细虚线。

2. 三面投影图之间的对应关系

三面投影图之间有严格的位置要求。即水平投影在正面投影的正下方，侧面投影在正面投影的正右方。按上述位置配置，建议标注三个投影的名称(即 V、H、W)，物体有长、宽、高三个方向的尺寸。左右(X 轴方向)方向的尺寸称为长度，上下(Z 轴方向)方向的尺寸称为高度，前后(Y 轴方向)方向的尺寸称为宽度。从三面投影图的形成过程可以看出：一个投影可以反映物体两个方向的尺寸。正面投影和水平投影都反映物体的长度，正面投影和侧面投影都反映物体的高度，水平投影和侧面投影都反映宽度。因此三面投影图之间存在如下投影关系(如图 1-1-12 所示)：

(1) 长对正：即正立面投影与水平面投影长度对正。

(2) 高平齐：即正立面投影与侧立面投影高度平齐。

(3) 宽相等：即水平面投影与侧立面投影宽度相等。

三视图中的方位关系有上下、前后、左右。三视图中每个视图反映的方位关系，如图 1-1-13 所示。

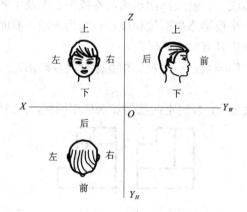

图 1-1-13　投影图与物体之间的方位关系

(1) 正面投影反映物体的左、右、上、下四个方位。

(2) 水平投影反映物体的左、右、前、后四个方位。

(3) 侧面投影反映物体的前、后、上、下四个方位。

通过上述分析可知，物体的两个投影才能完全反映物体的六个方位关系。绘图和读图时应特别注意水平投影和侧面投影之间的前、后对应关系。

以正面投影为基准，在水平投影和侧面投影上，靠近正面投影的一侧是物体的后面，远离正面投影的一侧是物体的前面。

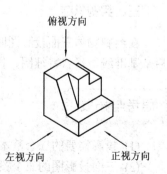

图 1-1-14　投影方向的选择

技能训练

完成如图 1-1-14 所示形体的三面投影图。

一、实例分析

在根据立体图(或轴测图)绘制物体的三面投影图时,应遵循正投影原理及三面投影图的对应关系。

(1) 分析物体的形状特征。根据物体的整体结构分析物体的主要形状特征。

(2) 选择投影方向。将物体在三面投影体系中放正,使物体上的大多数面和线与投影面平行或垂直。首先选定正面投影的投影方向。投影在反映物体的主要形状特征的前提下,尽量减少各个投影中的虚线。正面投影的投影方向确定后,其他两面投影的投影方向也随之确定。该形体的主要形状是由长方体、四棱柱等形状组成。因此,立体投影方向的选择如图 1-1-14 所示。根据物体上的面、线与投影面的位置关系,确定各投影面的图形。

(3) 确定图幅和比例。根据物体上的最大长度、宽度、高度的尺寸(从图中量取整数)及物体的复杂程度确定绘图的图幅和比例。

二、作图步骤

布置图面,画出基准线。一般选择图形的对称线中心线及主要边线,正面投影选最底边和最右边线为基准,水平投影选最后边和最右边线为基准,侧面投影选最底边和最后边线为基准线。三面投影间应具有一定的间距。

从反映形状特征的投影画起,三个投影相互配合同步画出。可先画出主要形状后画细节部分。

检查修改,擦除多余图线,按规定的线型加深描粗图线,完成作图,如图 1-1-15 所示。

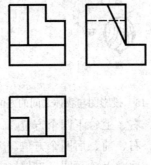

图 1-1-15 三面投影图的作图

三、实例总结

在绘制物体三面投影图时,先要分析物体的形状特征,选择好投影方向和放置面,然后从基准线、形状特征图、检查并加深图线等方面完成绘图。

┌─────────────────┐
│ **思考与拓展** │
└─────────────────┘

(1) 投影需要的三个基本条件是什么?

(2) 三面投影图的三个投影的位置是否可以自由放置?

(3) 如何判断所绘制的三面投影图中是否有多画或遗漏的图线?

任务二　点 的 投 影

任务目标

(1) 熟练掌握点的投影规律及空间位置的判断方法。

(2) 熟练掌握点投影图的作图方法。

任务分析

点的空间位置坐标如图 1-2-1 所示。根据其中所给出的点到投影面的距离，作点的三面投影。这投影图的形成原理及投影图应该怎么办呢？通过学习本任务，以理解空间点的三面投影图的形成原理，可以快速正确地画出此投影图。

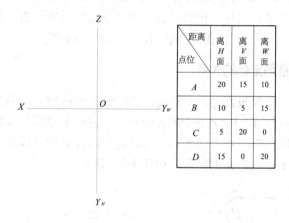

距离 点位	离 H 面	离 V 面	离 W 面
A	20	15	10
B	10	5	15
C	5	20	0
D	15	0	20

图 1-2-1　点的空间位置坐标

知识链接

点、线、面是组成物体的最基本的几何元素。点的投影是直线、平面投影的基础。用从点到线、线到面、面到体的方法分析认知形体，逐步培养空间想象能力，进一步掌握绘制和阅读三面投影图的方法。

一、点的投影及其规律

将物体上一点 A 放在三面投影体系中，点 A 的三面投影就是过点 A 分别向三个投影面作垂线所得到的垂足，如图 1-2-2(a)所示。水平投影记作 a，正面投影记作 a'，侧面投影记作 a''。在一般情况下，空间的点用大写字母表示，水平投影用小写字母表示，正面投影小写字母带"′"，侧面投影小写字母带"″"。我们可通过如图 1-2-2(b)的展开过程将三面投影展开，即得到点的三面投影图，如图 1-2-2(c)所示。

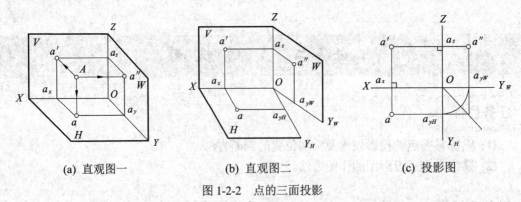

(a) 直观图一　　　　　　　(b) 直观图二　　　　　　　(c) 投影图

图 1-2-2　点的三面投影

点的三个投影之间的关系与物体的三面投影的"三等"关系是一致的，即点的投影规律：

(1) 点的正面投影 a' 与水平投影 a 的连线垂直于 X 轴，$aa' \perp OX$。

(2) 点的正面投影 a' 与侧面投影 a'' 的连线垂直于 Z 轴，$a'a'' \perp OZ$。

(3) 点的水平投影 a 到 X 轴的距离等于侧面投影 a'' 到 Z 轴的距离，即 $aa_x = a''a_z$。

点的投影规律说明了点的任一投影与另外两个投影之间的关系，是画图和读图的重要依据。为了作图方便，一般在 Y_H 和 Y_W 轴间画一条 45° 的斜线。

二、点的投影与直角坐标的关系

三面投影体系相当于以投影面为坐标面，投影轴为坐标轴，O 为坐标原点的直角坐标系。点的空间位置可以用 X、Y、Z 三个坐标表示，点的一个投影可以反映点的两个方向坐标，三面投影反映空间点的三个方向坐标。因此，三面投影图可以确定点的空间位置。点的一个坐标表示点到某一投影面的距离，如图 1-2-3 所示。

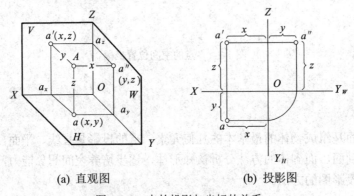

(a) 直观图　　　　　　　　(b) 投影图

图 1-2-3　点的投影与坐标的关系

(1) 点的 X 坐标表示点到侧面的距离 $X_A = aa_y = a'a_z = Aa''$。

(2) 点的 Y 坐标表示点到正面的距离 $Y_A = aa_x = a''a_z = Aa'$。

(3) 点的 Z 坐标表示点到水平面的距离 $Z_A = a'a_x = a''a_y = Aa$。

点 A 的正面投影 a' 由 X、Z 坐标确定，水平投影 a 由 X、Y 坐标确定，侧面投影 a'' 由

Y、Z 坐标确定。点的任何两个投影都反映了点的三个坐标值。因此，已知点的投影图可以确定点的坐标；反之，已知点的坐标也可以画出点的投影图。

三、两点相对位置关系

空间两点相对位置的比较是指以一点为基准点，利用两点的坐标大小来比较两点的左右、上下、前后位置。X 坐标大者在左面，Y 坐标大者在前面，Z 坐标大者在上面。根据以上结论可以判定点 D 在点 C 的右后上方，如图 1-2-4 所示。

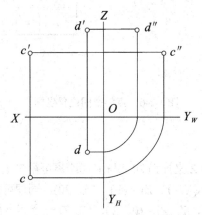

图 1-2-4　两点相对位置关系

四、重影点

当空间两点位于某个投影面的同一投射线上时，两点在该投影面上的投影重合，这两点称为该投影面的重影点，如图 1-2-5 所示。其中，A、B 是位于同一投射线上的两点，它们在 H 面上的投影 a 和 b 相重叠。我们沿着投射线方向朝投影面观看，离投影面较近的 B 点被较远的 A 点所遮挡，故点 A 在 H 面上为可见点，点 B 为不可见点。在投影图中规定，重影点中不可见点的投影用字母加一括号表示，如图 1-2-5 中的(b)。

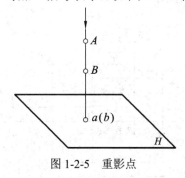

图 1-2-5　重影点

技能训练

已知空间点 A、B、C、D 四点在空间中与 H 面、V 面、W 面的距离，如图 1-2-6 所示。求点的三面投影，并判断点 A、B 的位置关系。

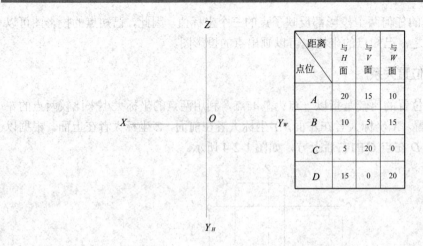

距离 点位	与 H 面	与 V 面	与 W 面
A	20	15	10
B	10	5	15
C	5	20	0
D	15	0	20

图 1-2-6　点的空间位置坐标

一、实例分析

根据点 A 与 H 面距离可得 Z 坐标为 20；与 V 面距离可得 Y 坐标为 15；与 W 面距离可得 X 坐标为 10，即 A 点的空间坐标(X，Y，Z)＝(10，15，20)。同理可得 B 点空间坐标(X，Y，Z)＝(15，5，10)；C 点空间坐标(X，Y，Z)＝(0，20，5)；D 点空间坐标(X，Y，Z)＝(20，0，15)。

二、作图步骤

(1) 在三面投影体系中的辅助区绘制 45° 斜线。

(2) 由 A 点的空间坐标(X，Y，Z)＝(10，15，20)可得，在 V 面绘制点 a'，其坐标值(X，Z)＝(10，20)；在 H 面绘制点 a，其坐标值(X，Y)＝(10，15)；在 H 面绘制点 a''，其坐标值(Y，Z)＝(15，20)。

(3) 同理根据 B、C、D 点的空间坐标分别能找出其 H 面、V 面、W 面的坐标值依次绘制即可，绘制结果如图 1-2-7 所示。

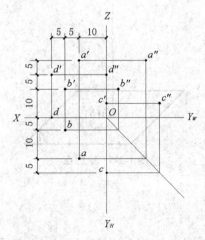

图 1-2-7　点的三面投影

三、实例总结

点的三面投影符合"长对正、高平齐、宽相等"的投影规律。在点的三面投影中，任何两面投影都能反映出点到三个投影面的距离。因此，由两个投影，就可以求出它的第三个投影。

思考与拓展

(1) 投影面上的点的投影和投影轴上点的投影各有哪些特点？
(2) 重影点的坐标有什么特点？

任务三 直线的投影

任务目标

(1) 熟练掌握直线的投影规律及空间位置的判断方法。
(2) 熟练掌握直线投影图的作图方法。

任务分析

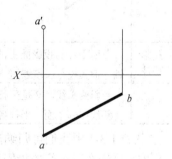

直线的投影如图 1-3-1 所示。已知线段 AB 的 H 面投影 ab 及 V 面投影 a'，$AB = 40$ mm，完成 AB 的 V 面投影。其有几个解？通过学习本任务，以理解空间直线的三面投影图的形成原理，掌握直线投影的绘制，能够理解不同位置直线的投影特点。

图 1-3-1 直线的投影

知识链接

一、特殊位置直线及其投影特性

直线在三面投影体系中的投影取决于直线与三个投影面的相对位置。根据直线与投影面的位置关系，将直线分为三大类：投影面的平行线、投影面的垂直线和一般位置直线。

投影面的平行线和投影面的垂直线又称为特殊位置的直线。在三面投影体系中，直线对 H 面、V 面、W 面的夹角分别用 α、β、γ 表示。

(一) 投影面的平行线

平行于一个投影面，倾斜于另外两个投影面的直线，称为投影面的平行线。投影面的平行线按其平行的投影面的不同有三种位置，可分为：

(1) 正平线：平行于 V 面而倾斜于 H 面、W 面的直线。

(2) 水平线：平行于 H 面而倾斜于 V 面、W 面的直线。

(3) 侧平线：平行于 W 面而倾斜于 H 面、V 面的直线。

这三种平行线的投影特性如表 1-3-1 所示。

表 1-3-1　投影面的平行线的投影特性

名称	水平线(平行于 H 面，倾斜于 V 面、W 面)	正平线(平行于 V 面，倾斜于 H 面、W 面)	侧平线(平行于 W 面，倾斜于 H 面、V 面)
直观图	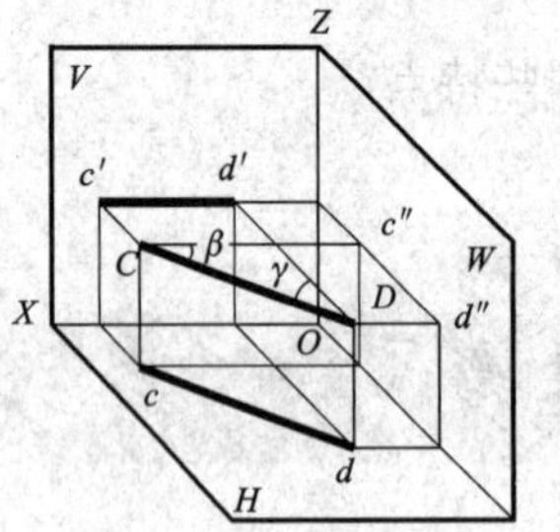	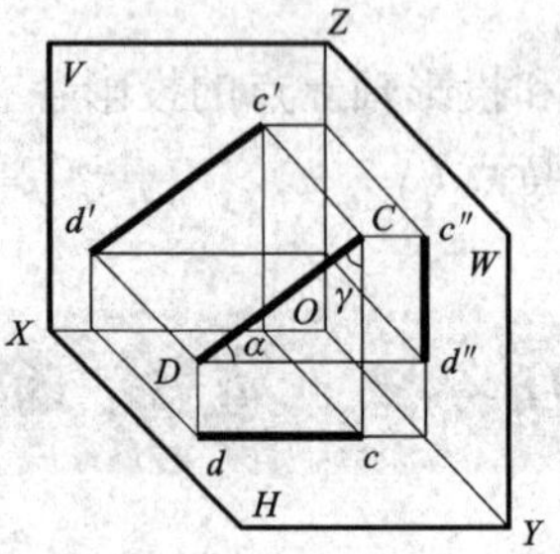	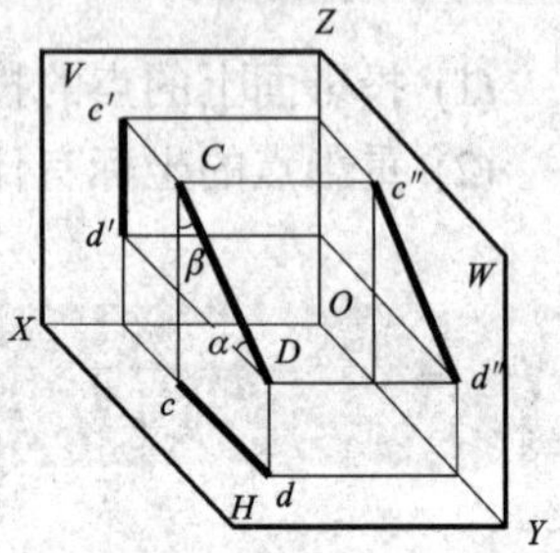
投影图	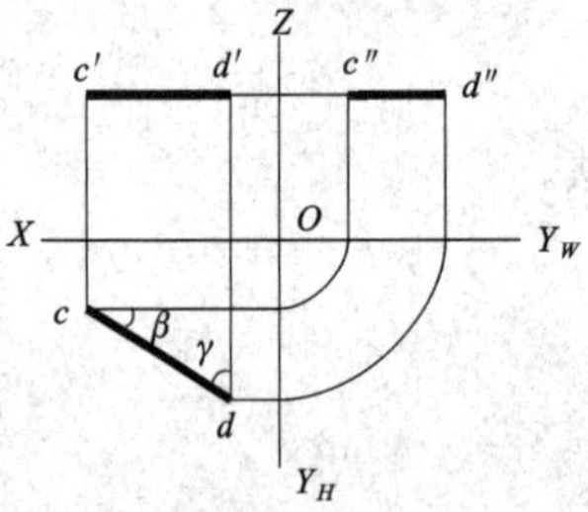	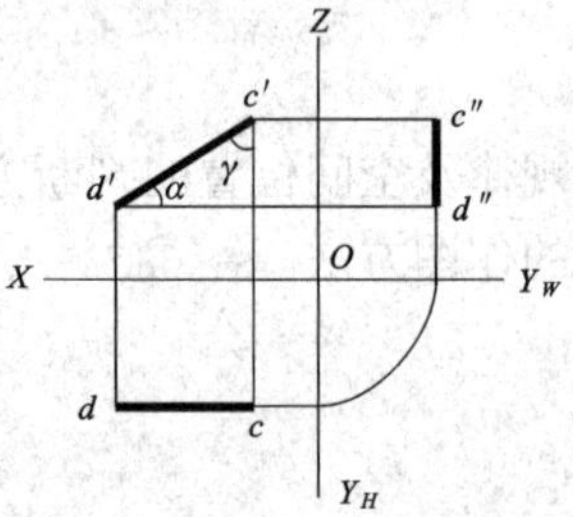	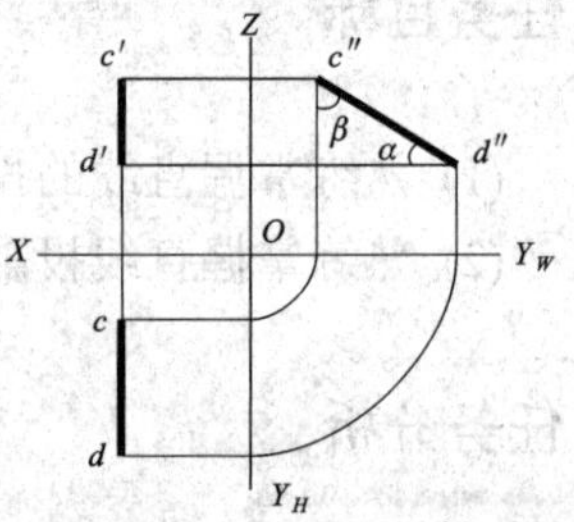
投影特性	在所平行的投影面上的投影反映实长，在其他两个投影面上的投影分别平行于相应的投影轴，但其投影长度缩短		
判别	一斜两平线，必是平行线； 斜线在哪个面，平行哪个面(投影面)		

从表 1-3-1 中我们可归纳出投影面的平行线的投影特性如下：

(1) 直线在所平行的投影面上的投影为倾斜于投影轴的直线，并反映该线段的实长，具有真实性。

(2) 直线在其他两投影面的投影为分别平行于相应的投影轴的直线，并且小于实长，具有类似性。

投影面的平行线的投影特性可概括为"一斜两平线"。画图时先画出反映实长的一个投影，再画其他两个投影。读图时，利用直线投影特性可判断直线的空间位置。在直线的任意两面投影中，若一个投影是一倾斜于投影轴的直线，而另个投影为一平行于投影轴的直线，则该空间直线一定是投影为倾斜线的投影面的平行线(一斜一平线，必是平行线；斜在哪个面，平行哪个面)。当投影图中有两面投影分别平行于投影轴且平行于不同的投影轴时，该直线一定是第三个投影面的平行线。

(二) 投影面的垂直线

垂直于一个投影面的直线，称为投影面的垂直线。直线垂直于一个投影面必定与另外两个投影面平行。投影面的垂直线按所垂直的投影面的不同有三种位置，可分为：

(1) 正垂线：垂直于 V 面，平行于 H 面、W 面的直线。

(2) 铅垂线：垂直于 H 面，平行于 V 面、W 面的直线。

(3) 侧垂线：垂直于 W 面，平行于 V 面、H 面的直线。

这三种垂直线的投影特性如表 1-3-2 所示。

表 1-3-2 投影面的垂直线的投影特性

名称	铅垂线(垂直于 H 面，平行于 V 面、W 面)	正垂线(垂直于 V 面，平行于 H 面、W 面)	侧垂线(垂直于 W 面，平行于 H 面、V 面)
直观图	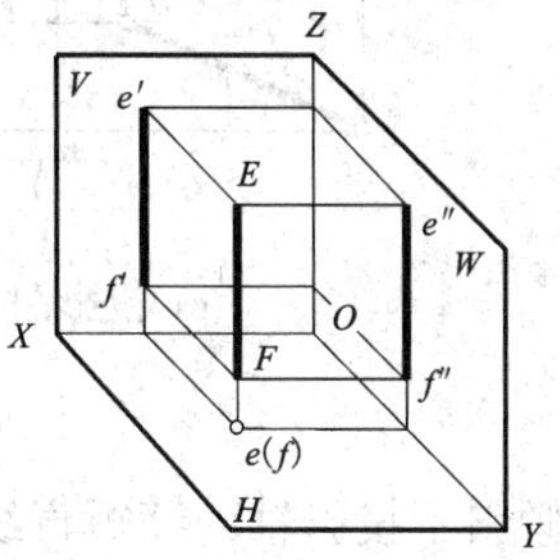	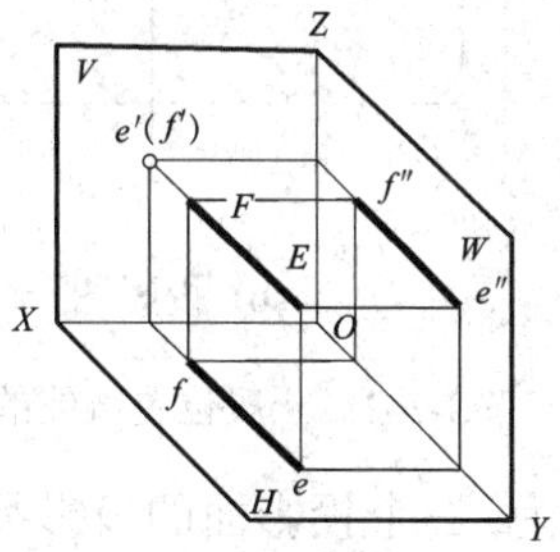	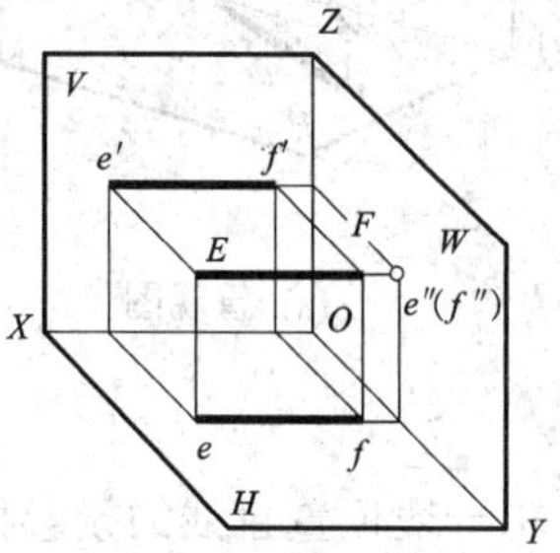
投影图	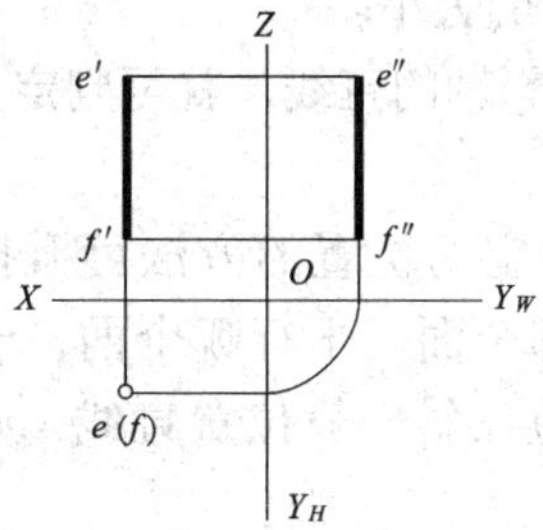	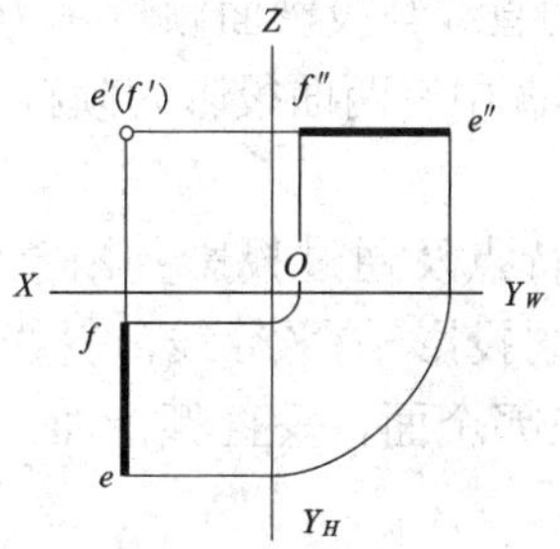	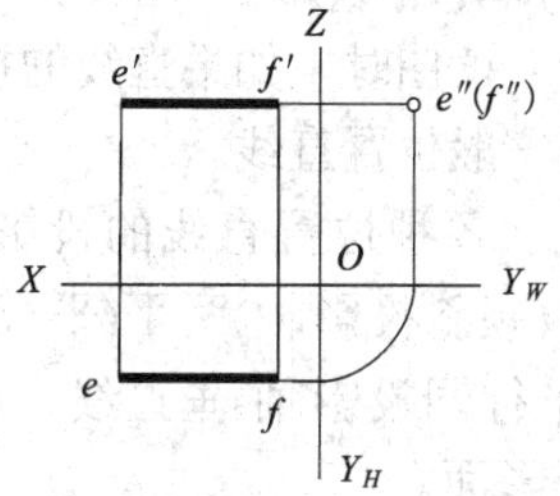
投影特性	在所垂直的投影面上的投影积聚成一点，在其他两个投影面上的投影都反映线段实长，并且平行于相应的投影轴		
判别	一点两平线，必是垂直线；点在哪个面，垂直哪个面(投影面)		

从表 1-3-2 中我们可归纳出投影面的垂直线的投影特性如下：

(1) 直线在所垂直的投影面上的投影积聚为点，具有积聚性。

(2) 直线在其他两个投影面上的投影分别为平行于同一个投影轴的直线，并且反映空间直线的实长，具有真实性。

投影面的垂直线的投影特性可概括为"一点两平线"。画图时，先画出投影为点的投影，再画出其他投影。

读图时，在直线的投影图中，如果有个投影为点，则该空间直线一定是投影为点的投影面的垂直线。若投影图中任意两面投影分别平行于同一个投影轴，则该直线必是第三个投影面的垂直线。

二、一般位置直线的投影

不平行于任投影面的直线，称为一般位置直线，其投影如图 1-3-2 所示。在图 1-3-2(a)

中，直线 *AB* 与 *V* 面、*H* 面、*W* 面都倾斜，是一般位置直线。由于直线 *AB* 与三个投影面既不平行，也不垂直，因此，在三个投影面的投影既不反映空间直线的实长，也不会积聚成点。三个投影都是缩短的直线，具有类似性。

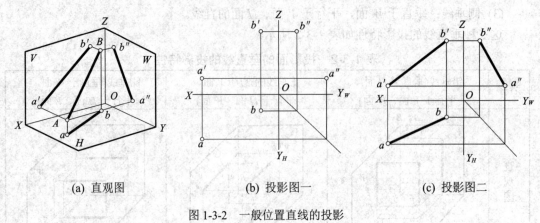

(a) 直观图　　　　　　(b) 投影图一　　　　　　(c) 投影图二

图 1-3-2　一般位置直线的投影

　　一般位置直线的投影特性为：三个投影面的投影都是倾斜于投影轴的缩短直线(三短三斜)。三个投影都不能反映空间直线与投影面倾角 α、β、γ 的大小。

　　读图时，如果直线的投影图中有两面投影为倾斜于投影轴的直线，就可判定为该直线为一般位置直线。

　　各种位置直线的投影的特点及通过投影判断直线的空间位置的方法可概括为：一斜(倾斜投影轴)两平(平行不同投影轴)平行线，斜线在哪个面，平行哪个面；一点两平(平行同投影轴)垂直线，点在哪个面，垂直哪个面。三短三斜一般位置直线，倾斜三个投影面。

三、直线上的点的投影特性

(一) 从属性

　　若点在直线上，则点的各面投影必在直线的同面投影上，如图 1-3-3 所示的 *K* 点。反之，若点的各个投影都在自线的同面投影上，则点在直线上，如图 1-3-3 所示的 *G* 点。

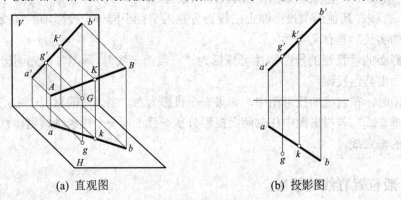

(a) 直观图　　　　　　　　(b) 投影图

图 1-3-3　直线上点的投影

根据以上理论利用投影图可判断点是否在直线上。

(二) 定比性

直线上的点将直线分成两部分，两部分的线段长度之比等于各个投影上相应部分的线段长度之比。

在图 1-3-3 中，K 点把直线 AB 分为 AK、KB 两段，则有

$$\frac{AK}{KB} = \frac{ab}{kb} = \frac{a'b'}{k'b'} = \frac{a''b''}{k''b''}$$

证明从略。

四、两直线的相对位置

空间两直线有三种不同的相对位置，即相交、平行和交叉。两相交直线或两平行直线都在同一平面上，所以称为共面线。两交叉直线不在同一平面上，所以称为异面线。

(一) 平行两直线

若空间两直线平行，则各同面投影都平行；反之，若两直线的各同面投影都平行，则空间两直线必相互平行。

根据平行投影的特性可知，两平行直线在同一投影面上的投影相互平行。由于 $AB \parallel CD$，则 $ab \parallel cd$、$a'b' \parallel c'd'$，$a''b'' \parallel c''d''$，分别如图 1-3-4(a)、(b)所示。值得注意的是，如果两直线都是侧平线，虽然它们的 V 面投影和 H 面投影都相互平行，但还要看它们的侧面投影，才能判断两直线是否平行，例如，在图 1-3-4(c)中 $a''b''$ 不平行 $c''d''$，所以虽然 $ab \parallel cd$，$a'b' \parallel c'd'$，但 AB 不平行于 CD。

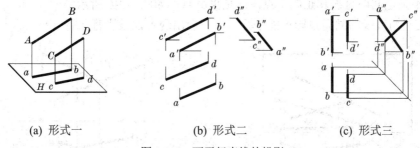

| (a) 形式一 | (b) 形式二 | (c) 形式三 |

图 1-3-4　两平行直线的投影

利用投影图判断两直线是否平行，对于一般位置的两直线，如果两直线任直两面投影分别平行，即可判定两直线平行。

(二) 相交两直线

若两直线相交，则各同面投影必相交，并且交点符合点的投影规律；反之，若两直线的各同面投影都相交，并且交点符合点的投影规律，则空间两直线必为相交两直线。

当两直线相交时，如图 1-3-5(a)的 AB 和 CD，它们的交点 E 既是 AB 线上的一点，又是 CD 线上的一点。由于线上一点的投影必然落在该线的同面投影上，因此 e 应在 ab 上，

又在 cd 上，即 e 是 ab 和 cd 的交点。同理，e 必然是 a'b' 和 c'd' 的交点，e" 是 a"b" 和 c"d" 的交点。由于 e'、e 是空间点 E 的两面投影，所以必在同一竖直投影连线上，同理 e'、e 也必在同一水平投影连线上。值得注意的是，如果其中有一直线是侧平线，可画出两直线的侧面投影来判断它们是否相交。如图 1-3-5(c) 所示，画出来的 W 面投影交点 2 与 V 面投影的交点 1 不在同一水平连线上，说明虽然 AB 和 CD 的 V 面、H 面投影都相交，但实际上它们不是两相交直线，而是两交叉直线。

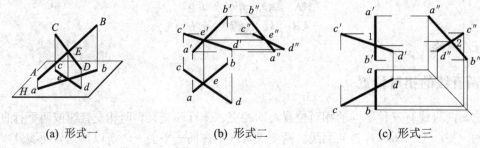

(a) 形式一   (b) 形式二   (c) 形式三

图 1-3-5　两相交直线的投影

利用投影图判断两直线是否相交，对于一般位置的两直线，如果两直线任意两面投影分别相交，并且交点符合点的投影规律，即可判定两直线相交。而对于投影面平行线，若用两个投影判定两直线是否相交，至少有一个投影是平行投影面上的投影，并且两直线在该投影面上的投影相交，交点符合点的投影规律，才能确定空间两直线是相交两直线。

(三) 交叉两直线

既不平行也不相交的两条直线称为交叉两直线。交叉两直线的投影有以下两种情况：

(1) 交叉两直线的各同面投影可能都相交，但"交点"不符合点的投影规律。同面投影的交点不是空间两直线真正的交点，而是重影点，如图 1-3-6 所示。

(2) 交叉两直线的同面投影可能平行，但不会出现各面投影都平行。

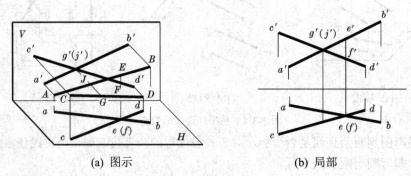

(a) 图示   (b) 局部

图 1-3-6　两相交直线

技能训练

已知如图 1-3-7 所示，直线 AB 的 H 面投影 ab 及 V 面投影 a'b'，AB = 40 mm，完成直线 AB 的 V 面投影。有几个解？

一、实例分析

由于空间直线与其水平投影长、Z 轴的坐标差构成的三角形为直角三角形，我们只需找出对应的长度即可解决这问题。

二、作图步骤

(1) 在 H 面中，以点 a 为圆心、40 mm 为半径画弧线。

(2) 过点 b 作直线 ab 的垂线，交步骤(1)所画圆弧于一点，此线段长度为 Z 轴坐标差。

(3) 在 V 面中，过点 a' 作 OX 轴的平行线，根据长对正，过点 b 作 OX 轴的垂线，在垂线上截取长度为步骤(2)作出的 Z 轴坐标差，并找到点 b'，连接直线 a'b'，如图 1-3-7(b)所示。

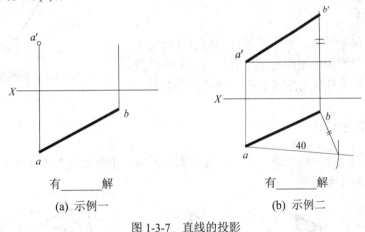

(a) 示例一　　　　　　　(b) 示例二

图 1-3-7　直线的投影

三、实例总结

在此例中的求解方法直角三角形，该直角三角形中包含实际长度、坐标差、投影长、倾角四个参数。四个任知其中两个参数，即可作出一个直角三角形，从而可求出其余两个参数。需要注意的是，坐标差、投影长、倾角三者是对同一投影面而言。

思考与拓展

(1) 投影面平行线有哪些投影特性？

(2) 投影面垂直线有哪些投影特性？

(3) 哪些位置直线的投影能够反映空间直线与投影面的夹角？

任务四　平面的投影

任务目标

(1) 熟练掌握平面的投影规律及空间位置的判断方法。

(2) 熟练掌握平面投影图的作图方法。

任务分析

平面的两面投影如图 1-4-1 所示。其中，三角形 *ABC* 属于平面 *P*，试求其 *H* 面投影。这种平面投影形成的原理及投影图应该怎么绘制？通过学习本任务，以理解空间平面的三面投影图的形成原理，可以快速正确地画出此投影图。

知识链接

由初等几何学可知，平面是没有形状且没有大小的。那么，在投影图中平面是如何表示的，平面的投影有哪些特点？本任务将学习有关平面的投影知识。

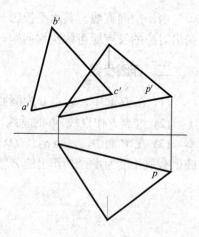

图 1-4-1　平面的两面投影

一、平面的表示法

直线的运动轨迹构成平面，用几何元素表示平面，平面可用如图 1-4-2 中所示的任何一种形式的几何元素表示。

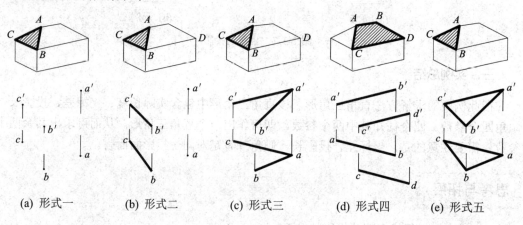

(a) 形式一　　(b) 形式二　　(c) 形式三　　(d) 形式四　　(e) 形式五

图 1-4-2　平面的表示方法

二、各种位置的平面及其投影特性

根据平面与投影面位置的不同平面可分为下列三类：

(1) 投影面平行面：平行于一个投影面的平面。平行于一个投影面，必垂直于另两个投影面。

(2) 投影面垂直面：垂直于一个投影面，并且倾斜于另两个投影面的平面。

(3) 一般位置平面：倾斜于三个投影面的平面。

投影面平行面和投影面垂直面又称为特殊位置的平面。

(一) 投影面平行面

投影面平行面根据所平行的投影面的不同可分为下列三种：

(1) 水平面：平行于 H 面，垂直于 V 面、W 面。

(2) 正平面：平行于 V 面，垂直于 H 面、W 面。

(3) 侧平面：平行于 W 面，垂直于 V 面、H 面。

投影面平行面的投影特性如表 1-4-1 所示。我们可以归纳出投影面平行面的投影特性如下：

(1) 平面在所平行的投影面上的投影，反映平面的实形，具有真实性。

(2) 平面在其他两个投影面上的投影均为平行于相应投影轴的直线，具有积聚性。

投影面平行面的投影特性可概括为"一框(线框)两平线(平行于投影轴的直线)"。对于投影面平行面，画图时，一般先画出反映实形的投影后，再画出其他两个投影面的投影。

读图时，如果平面的任何两个投影都是平行于投影轴的直线，则该平面是第三个投影面平行面。若一个投影是平面图形，而另外一个投影是平行于投影轴的直线，则该平面是投影为平面图形所在的投影面平行面。

表 1-4-1　投影面平行面的投影特性

名称	水平面(平行于 H 面， 垂直于 V 面、W 面)	正平面(平行于 V 面， 垂直于 H 面、W 面)	侧平面(平行于 W 面， 垂直于 V 面、H 面)
直观图			
投影图			
投影特性	在所平行的投影面上的投影反映实形,在其他两个投影面上的投影积聚成直线且分别平行于相应的投影轴		
判别	一框两直线，必是平行面； 框在哪个面，平行哪个面(投影面)		

(二) 投影面垂直面

投影面垂直面根据所垂直的投影面的不同可分为下列三种：

(1) 铅垂面：垂直于 H 面，倾斜于 V 面、W 面。

(2) 正垂面：垂直于 V 面，倾斜于 H 面、W 面。

(3) 侧垂面：垂直于 W 面，倾斜于 V 面、H 面。

投影面垂直面的投影特性如表 1-4-2 所示。我们可以归纳出投影面垂直面的投影特性如下：

(1) 平面在所垂直的投影面上，投影为倾斜于投影轴的直线，有积聚性；直线与投影轴的夹角反映该平面与其他两个投影面的倾角真实大小。

(2) 平面在其他两个投影面上的投影不反映实形，均为缩小的类似形状，具有类似性。

投影面垂直面的投影特性可概括为"两框一斜线"。对于投影面垂直面，画图时，一般先画出积聚性投影斜线，再画出其他投影。读图时，如果三个投影中有一个投影是倾斜于投影轴的斜线，则该平面为斜线所在的投影面垂直面。

表 1-4-2　投影面垂直面的投影特性

名称	铅垂面(垂直于 H 面，倾斜于 V 面、W 面)	正垂面(垂直于 V 面，倾斜于 H 面、W 面)	侧垂面(垂直于 W 面，倾斜于 V 面、H 面)
直观图	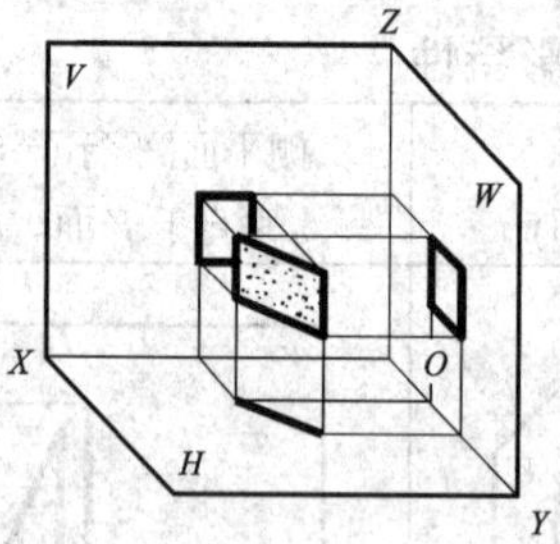	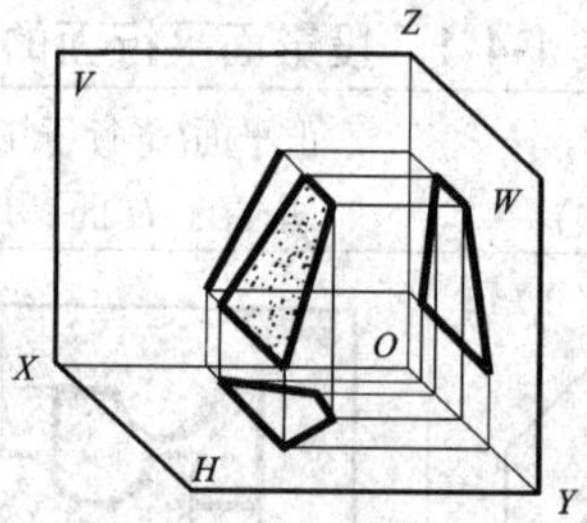	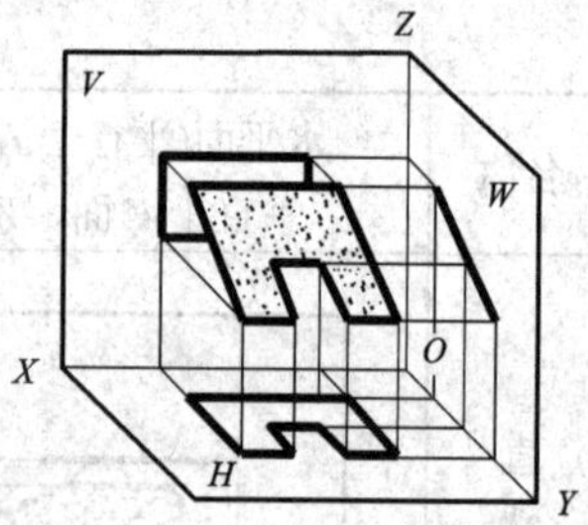
投影图	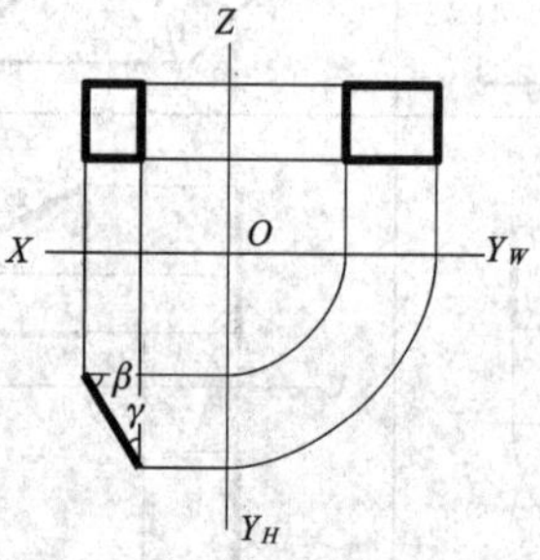	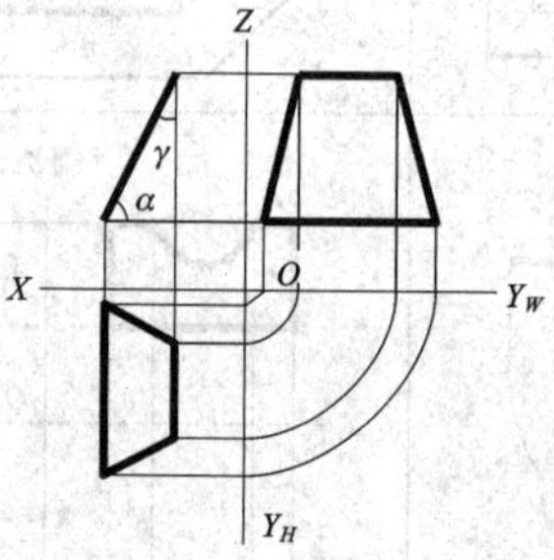	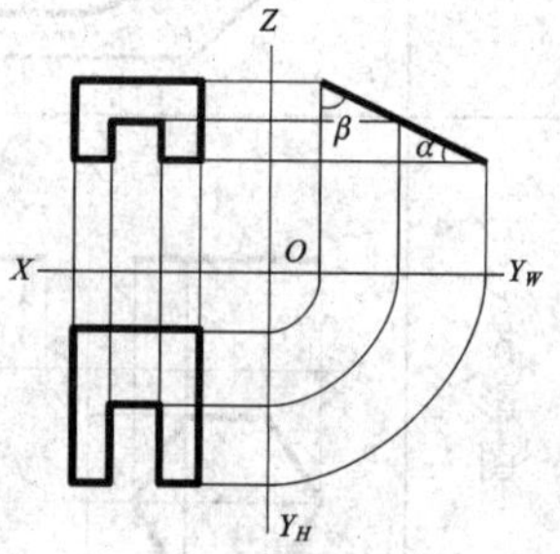
投影特征	在所垂直的投影面上的投影积聚成一斜直线,在其他两个投影面上的投影为与该平面类似的封闭线框		
判别	两框一斜线，必是垂直面； 斜线在哪个面，垂直哪个面(投影面)		

(三) 一般位置平面

一般位置的平面倾斜于三个投影面的平面称为一般位置平面，与三个投影面既不垂直，也不平行，如图 1-4-3 所示。图中，三角形 ABC 与三个投影面既不平行，也不垂直，因此，它的各面投影既不反映实形，也不会积聚成直线，均为原平面缩小的类似形，具有类似性。一般位置平面的投影特性：三个投影都是缩小的类似形，具有类似性，可概括为三框三小。

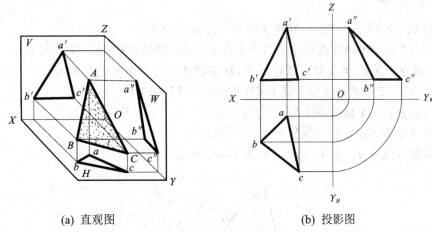

(a) 直观图　　　　　　　　　(b) 投影图

图 1-4-3　一般位置平面

　　通过对各种位置平面投影的分析，可将平面的投影特点及空间位置的判断方法概括为：一框两线平行面，框在哪个面，平行哪个面；一线两框垂直面，线在哪个面，垂直哪个面；三框三小一般位置平面，平面倾斜三个面。

三、平面上的点和直线

（一）平面上的直线

直线在平面上的几何条件是：

(1) 若直线通过平面上的两个点，则此直线必定在该平面。

(2) 若直线通过平面上的点并平行于平面上的另一直线，则此直线必定在该平面上。

（二）平面上的点

点在平面上的几何条件是：点在平面内的一直线上，则该点必在平面上。因此在平面上取点，必须先在平面上取一直线，然后再在该直线上取点。这是在平面的投影图上确定点所在位置的依据。

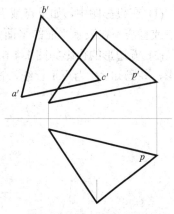

图 1-4-4　平面的两面投影

┌──────────┐
│ 技能训练 │
└──────────┘

　　如图 1-4-4 所示，已知三角形 ABC 在平面 P 内，要求绘制三角形 ABC 的 H 面投影。

一、实例分析

根据平面的组成元素可以知道三角形 ABC 可以由点 A、B、C 构成，又已知 A、B、C

三点在 V 面投影，并且 A、B、C 在平面 P 内，只要确定点 A、B、C 的位置就可以绘制出其 H 面的投影。

二、作图步骤

(1) 作 $b'c'$ 交平面 p' 于 $1'$，其延长线交平面 p' 交点 $2'$。

(2) 过点 $1'$ 作 OX 轴的垂线交平面 p 于点 1，过点 $2'$ 作 OX 轴的垂线交平面 p 于点 2。

(3) $b'c'$ 交平面 p' 于点 $3'$，过点 $3'$ 作 OX 轴的垂线交平面 p 于点 3。

(4) 连接 1、2 两点，过点 c' 作 OX 轴的垂线交 12 连线于点 c。

(5) 过点 b' 作 OX 轴的垂线交 $c2$ 连线于点 b。

(6) 过点 a' 作 OX 轴的垂线交 $c3$ 连线于点 a。

(7) 依次连接点 a、点 b、点 c，如图 1-4-5 所示。

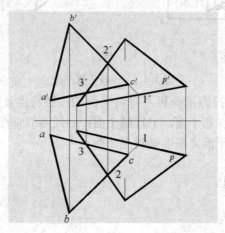

图 1-4-5　平面的两面投影

思考与拓展

(1) 在投影图中，如果点或直线在表示平面的平面图形范围内，则点或直线在平面上；若点或直线不在表示平面的平面图形范围内，则点或直线不在平面上。这种说法对吗？

(2) 五边形的投影如图 1-4-6 所示。已知五边形 $ABCDE$ 的 V 面投影及一边 AB 的 H 面投影，并已知 AC 为正平行线，试完成其 H 面投影。

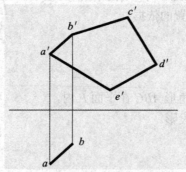

图 1-4-6　五边形的投影

任务五　平　面　体

任务目标

(1) 掌握平面体的投影规律。
(2) 掌握平面体表面上点的投影。

任务分析

　　建筑形体上最常用的平面立体是棱柱、棱锥。房屋形体分析如图 1-5-1 所示。该房屋模型由棱柱棱锥所组成，如何绘制建筑形体所组成的棱柱、棱锥平面立体的三面投影？要掌握图所示的房屋模型三面投影图的绘制，需要学习棱柱、棱锥的三面投影。本任务以棱柱、棱锥等为例学习平面立体的三面投影，以及它们表面、棱线在三面投影中的投影特点。为了绘制更复杂的建筑形体，需要求解它们表面上点投影。下面我们就相关知识进行具体学习。

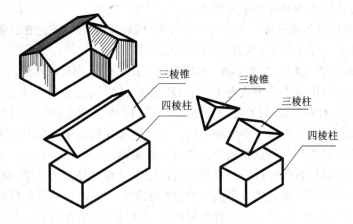

图 1-5-1　房屋形体分析

知识链接

　　任何复杂的建筑形体都可以看成由若干个基本几何体(简称基本体)组合而成。按照基本体构成表面的性质的不同，可将其分为两大类：平面立面和曲面。

一、棱柱

1. 棱柱的投影

有两个三角形平面互相平行，其余各平面都是四边形，并且每相邻两个四边形的公共边都互相平行，由这些平面所围成的基本体称为棱柱。正三棱柱的投影如图 1-5-2 所示。两个互相平行的平面称为底面，其余各平面称为侧面，两侧面的公共边称为侧棱，两底面间的距离为棱柱的高。当底面为三角形、四边形、五边形等形状时，所组成的棱柱分别为三棱柱、四棱柱、五棱柱等。

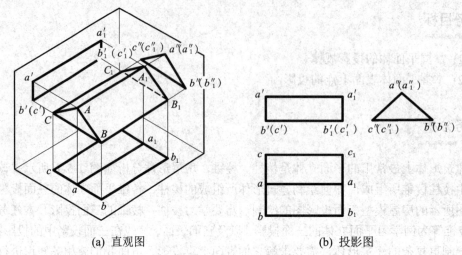

(a) 直观图　　　　　　　　　　　　　　　　(b) 投影图

图 1-5-2　正三棱柱的投影

图中的正三棱柱由下列几个平面围成：

(1) 平面 BB_1C_1C 为水平面，它在水平面上的投影反映实形，在正立面和侧立面上的投影都分别积聚成为一条平行于 OX 轴和 OY 轴的直线。

(2) 平面 ABC 和 $A_1B_1C_1$ 为侧平面，它们在侧立面上的投影反映实形，并且重影；在正立面和水平面上的投影分别积聚成为平行于 OY 轴和 OZ 轴的直线。

(3) 平面 ABB_1A_1 和平面 ACC_1A_1 为侧垂面，它们在侧立面上的投影都积聚为一直线；在水平面上的投影是两个矩形，不反映实形，两个矩形并列连接，与平面 BB_1C_1C 重影。在正立面上的投影是矩形，不反映实形，并且二者重影。

同样，我们可以用直线的投影特点来分析，图中 AA_1、BB_1、CC_1 和 BC、B_1C_1 都是投影面垂直线，它们在与其垂直的投影面上的投影积聚为一点，在另两个投影面上的投影反映实长；图中 AB、A_1B_1 和 AC、A_1C_1 都是投影面平行线，它们在侧立面上的投影都反映实长，在另两个投影面上的投影都比实长短。

从以上投影分析可知，作棱柱体(或基本体)的投影实质上是作点、线、面的投影。为了使图面清晰，投影轴可以省略。但必须注意的是，画出的投影图必须符合三面投影规律。

2. 棱柱体表面上点和直线

在五棱柱体(双坡屋面建筑)表面上有 M 和 N 两点，其中点 M 在平面 $ABCD$ 上，点 N 在平面 $EFGH$ 上，如图 1-5-3 所示。平面 $ABCD$ 是正平面，它在正立面上的投影反映实形，为一矩形线框，在水平面和侧立面上的投影是积聚在水平投影和侧面投影的最前端的直线。因此，点 M 的水平投影和侧面投影都在这两条积聚线上，而其正面投影在平面 $ABCD$ 的正面投影的矩形线框内。

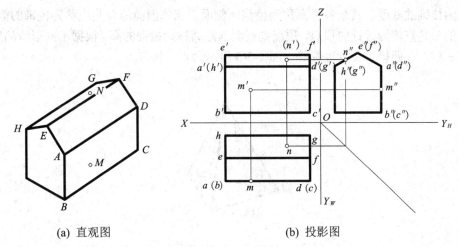

(a) 直观图　　　　　　　　　　　(b) 投影图

图 1-5-3　棱柱体表面上点的投影

平面 *EFGH* 为侧垂面，其侧面投影积聚成直线，水平投影和正面投影分别为一矩形线框。所以，点 *N* 的侧面投影应在平面 *EFGH* 的侧面投影的积聚线上，水平投影和正面投影分别在矩形线框内。由于平面 *EFGH* 的正面投影不可见，所以点 *N* 的正面投影也不可见，需加括号。

以上两点所在的平面都具有积聚性，所以在已知点的一面投影，求其余两个投影时，可利用平面的积聚性求得。

在三棱柱体侧面 *ABCEDF* 上有直线 *MN*。该平面 *ABED* 为铅垂面，其水平投影积聚为一直线，正面投影和侧面投影分别为一矩形，如图 1-5-4 所示。因此，直线 *MN* 的水平投影 *mn* 在平面 *ABED* 的水平投影的积聚线上，正面投影和侧面投影在平面 *ABED* 的正面投影和侧面投影内。由于平面 *ABED* 的侧面投影不可见，*MN* 的侧面投影也不可见，用虚线表示。

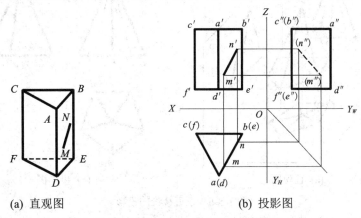

(a) 直观图　　　　　　　　　　　(b) 投影图

图 1-5-4　棱柱体表面上直线的投影

已知 *MN* 的一个投影，当求其余两个投影时，可先按棱柱体表面上的点作出 *MN* 的其余两个投影，再用相应的图线连起来即可。

二、棱锥

1. 棱锥的投影

由一个多边形平面与多个有公共顶点的三角形平面所围成的几何体称为棱锥。这个多边形称为棱锥的底面，其余各平面称为棱锥的侧面，相邻侧面的公共边称为棱锥的侧棱，各侧棱的公共点称为棱锥的顶点，顶点到底面的距离称为棱锥的高。根据不同形状的底面，棱锥有三棱锥、四棱锥和五棱锥等。图 1-5-5 所示为正三棱锥。

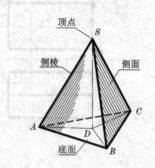

图 1-5-5　正三棱锥

现以正五棱锥为例来进行分析，其投影如图 1-5-6 所示。正五棱锥的特点是：底面为正五边形，侧面为五个相同的等腰三角形。通过顶点向底面作垂线(即高)，垂足在底面正五边形的中心。正五棱锥底面，即正五边形 ABCDE 平行于水平面，在水平面上的投影反映实形。为了作图方便，使底面五边形的 DE 边平行于正立投影面，正五边形的正面投影和侧面投影都积聚为一直线。正五棱锥的五个侧面除三角形 SDE 是侧垂面外，其余都为一般位置平面。三角形 SDE 的侧面投影积聚为一直线，正面投影和水平投影均为三角形，但不反映实形。其余各侧面在三个投影面上的投影都为三角形，也不反映实形。

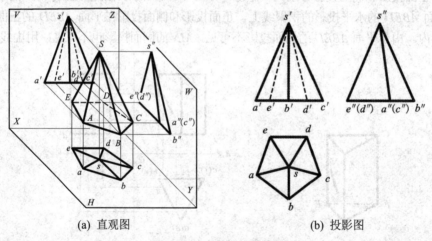

(a) 直观图　　　　　　　　　(b) 投影图

图 1-5-6　正五棱锥的投影

为方便作图，我们可以根据五棱锥的特点，在作出底面投影的基础上，先作出顶点 S 的水平投影，s 在 abcde 的中心，再根据五棱锥的高度作出顶点 S 的正面投影 s′，即可求出侧面投影 s″。将顶点 S 的三面投影分别与底面五边形 ABCDE 三面投影的各角点连线，即为五棱锥的三面投影。由于三角形 SAE 和三角形 SCD 的正面投影不可见，因此，s′e′ 和 s′d′ 为虚线。侧面投影 s″d″、s″c″ 分别与 s″e″、s″a″ 重合在一起，d″ 和 c″ 加括号。

2. 棱锥体表面上的点和线

在三棱锥体侧面 SAC 上有一点 K。侧面 SAC 为一般位置的平面，其三面投影为三个三角形，如图 1-5-7(a)所示。由于点 K 在侧面 SAC 上，因此点 K 的三面投影必定在侧面 SAC 的三个投影上。在作图时，为了方便，过点 K 作一直线 SE，则点 K 为直线 SE 上的点。点 K 的三面投影应该在直线 SE 的三面投影上，如图 1-5-7(b)所示。这种作图方法称为辅助线法。

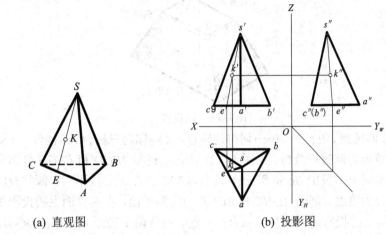

(a) 直观图　　　　　　　(b) 投影图

图 1-5-7　三棱锥表面上点的投影

当已知点 K 的一个投影，求作另外两个投影时，可先作出辅助线的三个投影，再作出点 K 的另外两个投影。

在四棱锥体侧面 SAB 上有一直线 MN，如图 1-5-8 所示。四棱锥体侧面 SAB 为一般位置的平面，其三面投影为三个三角形。直线 MN 的投影在侧面 SAB 的同面投影内。由于点 M 在侧棱 SA 上，点 M 可按直线上求点的方法求得。点 N 的投影按一般位置平面上求点的投影方法求得(辅助线法)。然后将 M、N 点的同面投影连起来即可。由于平面 SAB 的侧面投影不可见，直线 MN 的侧面投影 $m''n''$ 也不可见，用虚线表示。

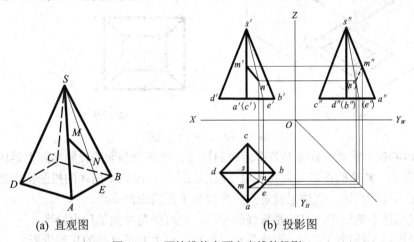

(a) 直观图　　　　　　　(b) 投影图

图 1-5-8　四棱锥体表面上直线的投影

三、棱台

用平行于棱锥底面的平面切割棱锥，底面和截面之间的部分称为棱台，如图 1-5-9 所示。棱台体是棱锥体的特例。原棱锥的底面和截面分别称为棱台的下底面和上底面，其他各平面称为棱台的侧面，相邻侧面的公共边称为棱台的侧棱，上、下底面之间的距离称为棱台的高。

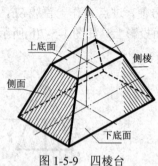

图 1-5-9　四棱台

由三棱锥、四棱锥、五棱锥、……切得的棱台，分别称为三棱台、四棱台、五棱台、……。

现以正四棱台为例进行分析，如图 1-5-10 所示。底面 ABCD 和 EFGH 分别为两个水平面，它们在水平面上的投影 abcd 和 efgh 均反映实形，在正立投影面和侧立投影面上的投影则分别积聚成为直线。侧面 ADHE 和 BCGF 均为侧垂面，在侧立面上的投影积聚为一条直线，在正立面上的投影是四边形且重合在一起。另外两个侧面 ABFE 和 DCGH 均为正垂面，在正立面上的投影分别积聚为一条直线，在侧立面上的投影是四边形且重合在一起。由于四棱台前、后、左、右对称，中心线用细单点长画线表示。同样，棱锥、棱台的投影也可以用直线的投影来分析，这里省略。

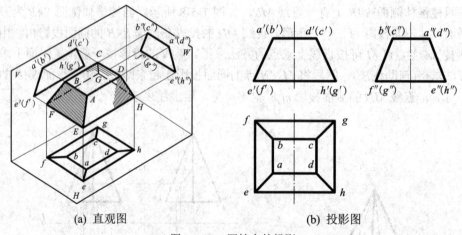

(a) 直观图　　　　　　　　(b) 投影图

图 1-5-10　四棱台的投影

平面体的投影实质上就是其各个侧面的投影，而各个侧面的投影实际上是用其各个侧棱投影来表示，侧棱的投影又是其各顶点投影的连线。因此平面体的投影特点是：

(1) 平面体的投影，实质上就是点、直线和平面投影的集合。

(2) 投影图中的线条，可能是直线的投影，也可能是平面的积聚投影。

(3) 投影图中线段的交点，可能是点的投影，也可能是直线的积聚投影。

(4) 投影图中任何一封闭的线框都表示立体上某平面的投影。

(5) 当向某投影面作投影时，凡看得见的直线用实线表示，看不见的直线用虚线表示。当两条直线的投影重合，一条看得见而另一条看不见时，仍用实线表示。

(6) 在一般情况下，当平面的所有边线都看得见时，该平面才看得见。平面的边线只要有一条是看不见的，该平面就是不可见的。

技能训练

已知如图 1-5-11 所示的四棱锥的 V 面、H 面投影，完成该四棱锥的 W 面投影，并补全表面上点的投影。

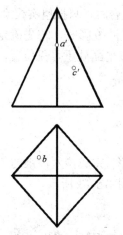

图 1-5-11　四棱锥的两面投影

一、实例分析

利用投影特征(长对正、高平齐、宽相等)补全该四棱锥的 W 面投影，在利用辅助线法求的空间点 A、B、C 在四棱锥上的三面投影。

二、作图步骤

(1) 利用投影特征(长对正、高平齐、宽相等)补全四棱锥的 W 面投影。

(2) 过点 a 作四棱锥底边平行线，与棱线有交点；过交点作 OX 的垂线，其延长线与棱线有交点，过交点作底边平行线且与过点 a 作 OX 轴的垂线交于点 a'；分别过点 a、点 a' 作宽相等、高平齐的线，可得点 a''。同理可得 B、C 两点的其他两面投影，其结果如图 1-5-12 所示。

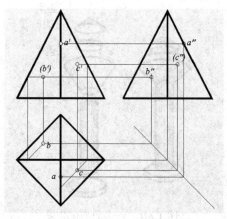

图 1-5-12　棱锥与点的三面投影

三、实例总结

(1) 平面立体的表面是由若干个多边形平面所围成的，绘制平面立体的投影可归纳为绘制平面立体的所有平面多边形的投影。在画三面投影时，运用前面所学过的有关点、直线、平面的投影规律进行作图。需要注意的是，可见棱线的投影画成粗实线，不可见棱线的投影画成细虚线，当粗实线与细虚线重合时，只按粗实线绘制。

(2) 在平面立体的表面上求点的投影时，首先确定该点在平面立体的哪一个表面上，若该平面处于可见位置，则该点的同面投影可见；反之为不可见。

思考与拓展

已知六棱锥的 H 面、W 面投影，完成该六棱锥的 V 面投影，并补全表面上点的投影，如图 1-5-13 所示。

图 1-5-13　补全投影

任务六　曲　面　体

任务目标

(1) 掌握曲面体的投影规律。

(2) 掌握曲面体表面上点的投影。

任务分析

水塔的形体分析如图 1-6-1 所示。常见的曲面体有哪些种类？常见的曲面体的投影有哪些特性？如何作常见曲面立体的投影图形？要掌握这些内容，需要理解曲面立体的形成过程。通过本任务的学习我们将会掌握常见曲面立体的投影特性及投影图形的画法。

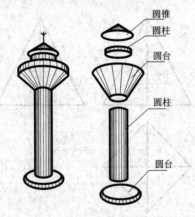

图 1-6-1　水塔的形体分析

知识链接

一、圆柱

1. 圆柱的投影

圆柱体如图 1-6-2 所示。其直线 AA_1 绕着与它平行的直线 OO_1 旋转，所得轨迹是一圆柱面。直线 OO_1 称为导线，AA_1 称为母线，母线 AA_1 在旋转过程中任一位置留下的轨迹称为素线，因此，圆柱面也可以看成是由无数条与轴平行且等距的素线的集合。如果把 AA_1 和轴 OO_1 连成一矩形平面，该矩形平面 OO_1 绕轴旋转的轨迹就是圆柱体。矩形上下两边 AO 和 A_1O_1 绕 OO_1 旋转时所成的轨迹是圆平面。因此，圆柱体是由两个互相平行且相等的平面圆(即顶面和底面)和一圆柱面所围成。顶面和底面之间的距离为圆柱体的高。

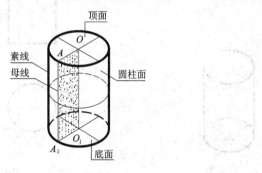

图 1-6-2　圆柱体

图 1-6-3 所示为一圆柱体的投影。该圆柱的轴线垂直于水平投影面，顶面与底面平行于水平投影面。作其投影的方法是：由于顶面和底面平行于水平投影面，因此它们在水平面上的投影为圆，反映顶面和底面的实形，并且两底面的投影重合在一起。顶面和底面在正立面和侧立面上的投影都积聚为平行于 OX 轴和 OY 轴的直线，其长度为圆柱的直径。在同一投影面上两个积聚投影之间的距离为该圆柱体的高。

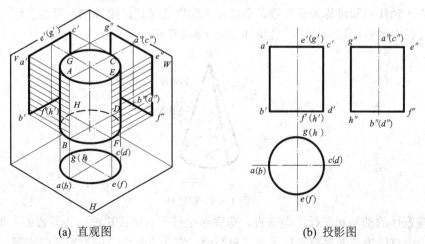

(a) 直观图　　　　　　　　　(b) 投影图

图 1-6-3　圆柱体的投影

圆柱面是光滑的曲面，其上所有素线都为铅垂线。因此圆柱面也垂直于水平面，其水平投影为与顶面和底面水平投影全等且同心的圆。在作正立面投影时，圆柱面上最左和最右两条素线的投影构成圆柱体在正立面上投影的左、右两条轮廓线，与顶面和底面在正立面上的投影构成矩形。

圆柱体的侧面投影作图方法与正面投影相同，但侧面投影左、右两条轮廓线为圆柱面的最后、最前两条素线的投影。

2. 圆柱体表面上的点和线

由于圆柱有一投影具有积聚性，因此可利用圆柱积聚性的特点求点的投影，如图 1-6-4 所示。

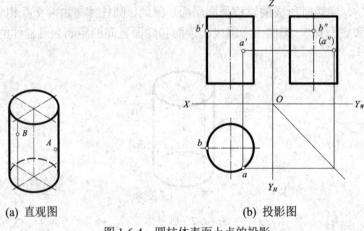

(a) 直观图　　　　　　　　　　　(b) 投影图

图 1-6-4　圆柱体表面上点的投影

二、圆锥

1. 圆锥的投影

直母线 SA 绕与它相交的轴线 SO 回转时形成圆锥面。圆锥由圆锥面和底圆平面组成。底圆垂直于轴线的圆锥称为正圆锥。圆锥面上的素线都通过锥顶 S，母线上任一点在圆锥面形成过程中的轨迹称为纬圆。圆锥体如图 1-6-5 所示。

图 1-6-5　圆锥体

正圆锥体的轴与水平投影面垂直，即底面平行于水平投影面，作其投影，如图 1-6-6 所示。因为该圆锥体的底面平行于水平投影面，它在水平面上的投影反映实形，在正立投影面和侧立投影面上都积聚为平行于 OX 轴和 OY 轴的直线，其长度等于底圆的直径。

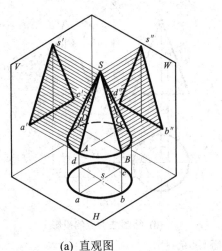

(a) 直观图

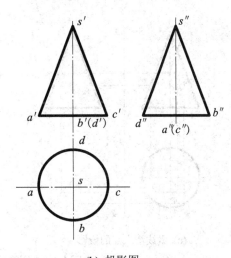

(b) 投影图

图 1-6-6 圆锥的投影

圆锥面是光滑的曲面，在作正面投影时，锥面上最左、最右两条素线，即 SA 和 SC 都是正平线，其投影分别为 $s'a'$ 和 $s'c'$，即为圆锥面在正立投影面上最左、最右的两条轮廓线。与底面圆在正立投影面上的投影构成圆锥体的正面投影，为等腰三角形。

圆锥体在侧立投影面上的投影与其在正立投影面上的投影相同，为等腰三角形，但该等腰三角形左右两条轮廓线为圆锥体最后、最前两条素线的投影。

2. 圆锥表面上的点

由于圆锥面的各投影都不具有积聚性，在圆锥面上的特殊点投影利用点在轮廓线的从属性，直接可作出三面投影。其直观图如图 1-6-7(a)所示。而圆锥面上一般位置点的投影需采用作辅助线的方法，通常采用纬圆或素线作为辅助线进行作图。

确定圆锥表面点的投影方法有素线法和纬圆法两种。其分述如下：

(1) 素线法：圆锥表面的点必落在圆锥面上的某一条直素线上，因此可在圆锥上作一条包含该点的直素线，从而确定该点的投影。已知圆锥体表面上点 M 和点 N 的正面投影 m' 和 n'，作出 M、N 两点的其他投影，如图 1-6-7(b)所示。

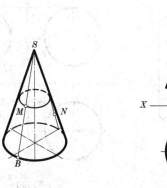

(a) 直观图

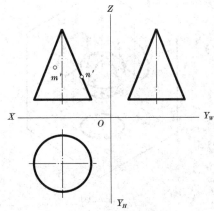

(b) 已知点 M、N 的正面投影 m'、n'

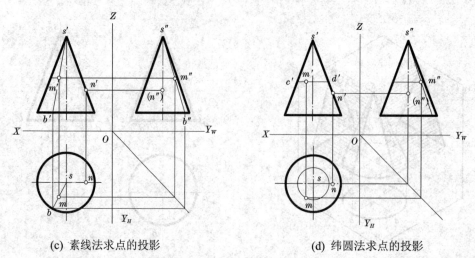

(c) 素线法求点的投影　　　　　　　　(d) 纬圆法求点的投影

图 1-6-7　圆锥体表面上点的投影

点 *N* 在圆锥的最右素线上，其另外两个投影应在该素线的同面投影上。点 *M* 在一般位置上，另两个投影用素线法求得。

过点 *M* 作素线 *SB* 的正面投影 *s′b′*，并作出素线 *SB* 的另两个投影 *sb* 和 *s″b″*。过 *m′* 分别作 *OX* 轴和 *OZ* 轴的垂线交 *sb* 和 *s″b″* 于 *m* 和 *m″*，*m*、*m′* 和 *m″* 即为点 *M* 的三面投影，这种方法称为素线法，如图 1-6-7(c)所示。

(2) 纬圆法：圆锥面上的点落在圆锥面上的某一纬圆上，因此，可在圆锥上作一包含该点的纬圆，从而确定该点的投影，如图 1-6-7(d)所示。

三、球

1. 球的投影

圆周曲线绕着它的直径旋转，所得轨迹为球面，该直径为导线，该圆周为母线，母线在球面上任一位置时的轨迹称为球面的素线，球面所围成的立体称为球体，如图 1-6-8 所示。

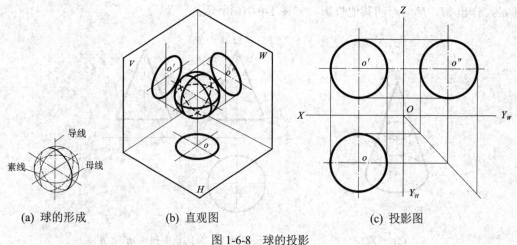

(a) 球的形成　　　　　　(b) 直观图　　　　　　(c) 投影图

图 1-6-8　球的投影

球体的投影为三个直径相等的圆。其分述如下：

(1) 水平投影是看得见的上半个球面和看不见的下半个球面投影的重合。该水平投影也是球面上平行于水平面的最大圆周的投影，该圆周的正面投影和侧面投影分别为平行于 OX 轴和 OY 轴的线，长度为球体的直径，构成正面投影和侧面投影的中心线，用单点长画线表示。

(2) 正面投影是看得见的前半个球面和看不见的后半个球面投影的重合。正面投影的圆周是球面上平行于正立面最大圆周的投影，与其对应的水平投影和侧面投影分别与圆的水平中心线和铅垂中心线重合，仍然用单点长画线表示。

(3) 侧面投影是看得见的左半个球面和看不见的右半个球面投影的重合。侧面投影的圆周是球面上平行于侧立面最大圆周的投影，与其对应的水平投影和正面投影分别与圆的铅垂中心线重合，仍然用单点长画线表示。

2. 球体面上的点

在球面上的点，一般用纬圆法。球面上的点必定落在该球面上的某一纬圆上，如图 1-6-9 所示。

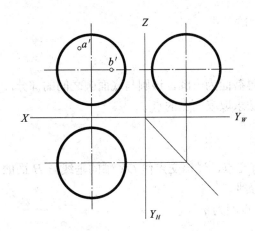
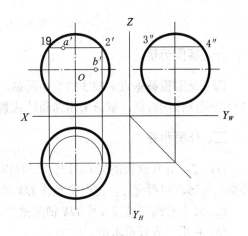

(a) 已知点 A、点 B 的正面投影 a'、b' (b) 过点 a' 作纬圆的正面投影 $1'2'$ 和水平投影

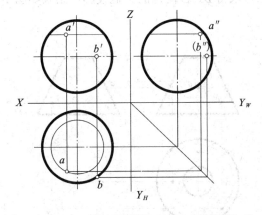

(c) 作出点 A、点 B 的水平投影 a、b 与侧面投影 a''、b''

图 1-6-9　球体面上点的投影

技能训练

已知如图 1-6-10 所示正圆台 H 面、V 面投影和圆台表面上的 A、B、C 三点的 H 面投影，画出圆台的 W 面投影及其表面点的 V 面、W 面投影。

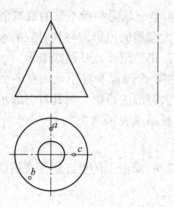

图 1-6-10　圆台的投影

一、实例分析

圆台是圆锥被垂直于轴线的平面所截，所得截面为一圆，该圆与底面圆之间的部分。圆台是圆柱体的特例。依旧采用纬圆法或素线法求取表面上的点。

二、作图步骤

(1) 过点 a 作底圆的同心圆交水平对称轴有交点，过该交点作 OX 轴的垂线与 H 面的等腰三角形，可得交点，过此交点作 OX 轴平行线。

(2) 此平行线与过点 a 作 OX 轴的垂线有交点即为 a'。

(3) 利用三等关系求 a"。

(4) 采用类似的方法可求得 B、C 两点的其他投影，结果如图 1-6-11 所示。

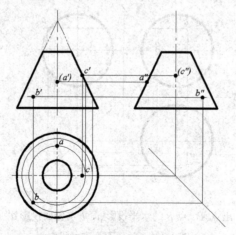

图 1-6-11　圆台表面上点的投影

三、实例总结

对于在解决圆台面上点投影问题时，先要判断出点的位置是处于轮廓线上的特殊位置，还是处于不在轮廓线上的位置。对于特殊位置的点，利用点在线上的从属性直接作点的投影，一般位置点可以采用素线法或纬圆法进行作图。

思考与拓展

(1) 常见曲面立体的投影特征是什么？
(2) 如何确定圆柱、圆锥、球表面点的投影？

任务七　组合体的识读

任务目标

(1) 理解组合体的形成方式。
(2) 掌握组合体三面投影图的绘制方法。
(3) 熟悉读组合体投影图的读图方法与注意事项。
(4) 掌握用形体分析法读图。
(5) 掌握用线面分析法读图。

任务分析

某高层建筑形体如图 1-7-1 所示。如何绘制其投影三面投影图？要正确地绘制投影图，需熟悉该建筑物的形成方式和投影图的绘图步骤。要解决这一问题，必须掌握组合体的形成方式、投影图的绘制方法。下面就相关知识进行具体的必须掌握组合体的形成方式、投影图的绘制方法。下面就相关知识进行具体的学习。

图 1-7-1　某高层建筑形体

知识链接

一、组合体的组合方式

组合体从空间形态上看，要比前面所学的基本形体复杂。但是，经过观察也能发现它们的组成规律，它们一般由以下三种组合方式组合而成：

(1) 叠加式：把组合体看成由若干个基本形体叠加而成，如图 1-7-2(a)所示。

(2) 切割式：把组合体看成由一个大的基本形体经过若干次切割而成，如图 1-7-2(b)所示。

(3) 混合式：把组合体看成既有叠加，又有切割所组成，如图 1-7-2(c)所示。

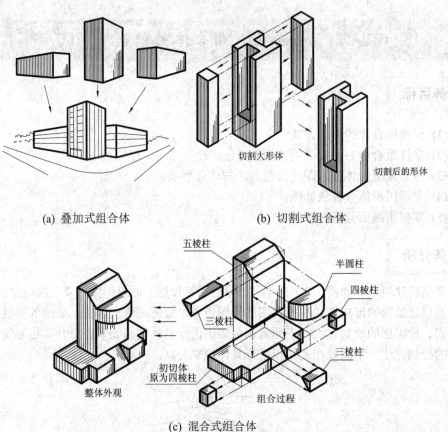

(a) 叠加式组合体　　　　　　(b) 切割式组合体

(c) 混合式组合体

图 1-7-2　组合方式

二、形体之间的表面连接关系及其投影的画法

(一) 形体之间的表面连接关系

形成组合体的各基本形体之间的表面连接关系可分为平齐与不平齐、相切和相交三种。其分述如下：

(1) 平齐与不平齐。平齐是指两基本形体的表面共面，没有间隔，故其间不应画线，如

图 1-7-3(a)所示。若两形体表面不共面，即为不平齐，必须画出分界线，如图 1-7-3(b)所示。

(2) 相切。相切是指两基本形体的表面光滑过渡，形成相切组合面。相切处没有交线，如图 1-7-3(c)所示。

(3) 相交。两立体表面彼此相交，在相交处有交线，投影图中必须画出交线的投影，如图 1-7-3(d)所示。

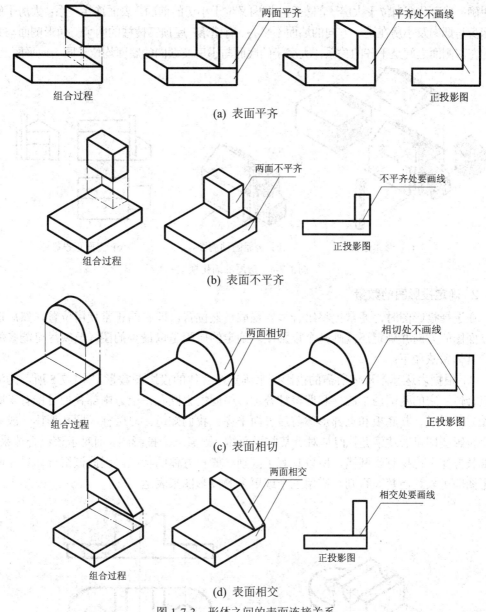

图 1-7-3　形体之间的表面连接关系

(二) 组合形体投影的画法

绘制组合体的投影图，首先应对组合体进行形体分析，然后选择投影图，绘底稿和校核，最后加深和复核，完成全图。

1. 形体分析

形体分析是指将组合体看成由若干个基本形体组成,在分析时将其分解成单个基本形体,并分析各基本形体之间的组合形式和相邻表面间的位置关系,判断相邻表面是否处于相交、平齐或相切的位置。图 1-7-4 所示为房屋的简化模型。它是叠加式的组合体,是由屋顶的三棱柱体、屋身和烟囱的长方体以及左侧小房的四棱柱体(顶部有斜面)组合而成的。其位置关系明确:小房及烟囱位于大房子的左侧,烟囱又位于小房的前面。表面连接关系:大房子的正面墙身与烟囱及小房在这一方向的墙面不平齐、有错落;屋顶三棱柱的两个三角形侧面与大房子的左右侧面之间是平齐的关系;大房子的底面与小房及烟囱的底面均位于同一地平面上。

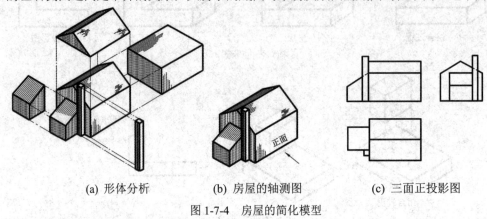

(a) 形体分析　　　　(b) 房屋的轴测图　　　　(c) 三面正投影图

图 1-7-4　房屋的简化模型

2. 确定投影图的数量

在选择投影图时,通常先将组合体安置成自然位置,即它的正常使用位置,然后选择正立面图的方向并确定还需画几个投影图。确定的原则是以最少的图,反映尽可能多的内容。具体做法如下:

(1) 根据表达基本形体所需的投影图来确定组合体的投影图数量。图 1-7-5 所示为混合式组合体。它的两端由半圆柱和四棱柱叠加,中间挖去圆孔,上方中部叠加且挖有半圆槽的长方体组成,其底板和上部形体前后表面平齐。我们知道,对圆柱、圆孔形体一般只需两个投影图即可表达清楚,但是对于某些平面体,则需三个投影图。而对于该组合体来说,上部长方体上已挖有半圆槽,所以具有了区别一般长方体的特征,因此该组合体只需两个投影图即可表达清楚。否则,需用三个或更多的投影图来表达。

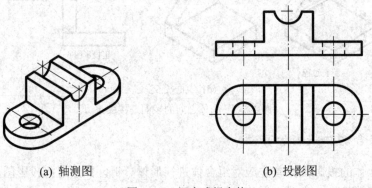

(a) 轴测图　　　　　　　　　　　(b) 投影图

图 1-7-5　混合式组合体

(2) 抓住组合体的总体轮廓特征或其中某基本体的明显特征来选择投影图数量。图1-7-6所示为一连接件。当较长的一面(上面有圆孔)选为正立面图之后，则考虑选用平面图还是左侧立面图。如果选用平面图，则Z形板和两个三角形肋板的特征轮廓在正立面图和平面图上都没有反映出来，因此它们的形状还是不能肯定。如图选用了左侧立面图，则Z形板、圆孔、两个三角形肋板等组成部分均能表达清楚，特征清晰可辨，用两个投影图就可以了。

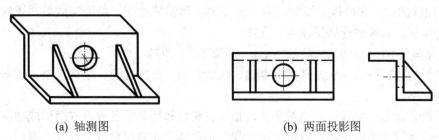

(a) 轴测图　　　　　　　　　　　　　　　(b) 两面投影图

图 1-7-6　连接件

(3) 选择投影图与减少虚线相结合。投影图上虚线内容较实线内容的识读要困难，画图也较繁杂。因为虚线均表示看不见的棱线(或转向轮廓线)、积聚位置的平面等，所以投影图的选择，要在反映形体的前提下，尽量避免选用虚线多的投影图；若投影图不能减少，则选虚线少的一组。图1-7-7(a)所示为一个阳榫两种不同摆放位置的正等测图，而图1-7-7(b)、(c)为两种不同摆放的三面投影图。图 1-7-7(c)所示的左侧面图中虚线较多，显然选择图1-7-7(b)比较合理。

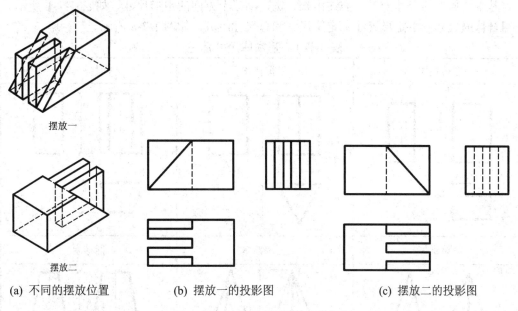

(a) 不同的摆放位置　　　　　(b) 摆放一的投影图　　　　　(c) 摆放二的投影图

图 1-7-7　阳榫的不同摆放及其投影

3. 绘制组合体投影图

投影图确定后，即可使用绘图仪器和工具开始画投影图：

(1) 选比例，定图幅。根据组合体尺寸的大小确定绘图比例，再根据投影图的大小确定图纸幅面，然后画出图框和标题栏。

(2) 绘底稿和校核。绘底稿前，应根据图形大小以及预留标注尺寸的位置合理布置图面。绘制底稿的顺序是：先画出基准线，如投影图的对称中心线和底面或端面的积聚投影线等，以确定各投影图的位置；然后用形体分析法按主次关系依次画出各组成部分的三面投影图。注意各组成部分的三面投影图应同时画出，并应先画出反映其形状特征的投影。当底稿绘完后，必须进行校核，改正错误，并擦去多余的图线。

(3) 加深图线。在校核无误后，应清理图面，用铅笔加深。加深完成后，还应再做复核，如有错误，必须进行修正，完成全图。

(4) 注写尺寸(组合体尺寸注法见后)，做到详尽、准确。

一份好的投影图作业应做到图样准确、线型分明、布图均衡、字体工整、图面整洁，符合制图标准。

由于组合体是一些几何体通过叠加、相交、相切和切割等各种方式而形成的，因此，标注组合体尺寸必须标注各几何体的尺寸和各几何体之间的相对位置尺寸，最后，再考虑标注组合体的总尺寸。按这样的方法和步骤标注尺寸，就能完整地标注出组合体的全部尺寸。由此可见，只有在形体分析的基础上，才能完整地标注组合体的尺寸。

三、组合体的尺寸标注

(一) 组合体尺寸的组成

基本几何体的尺寸一般只需注出长、宽、高三个方向的定形尺寸，如表 1-7-1 所示。而组合体的尺寸则由定形尺寸、定位尺寸和总尺寸组成，如图 1-7-8 所示。

表 1-7-1　基本体尺寸标注

四棱柱体 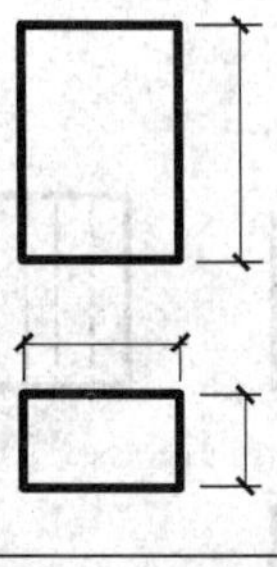	三棱柱体 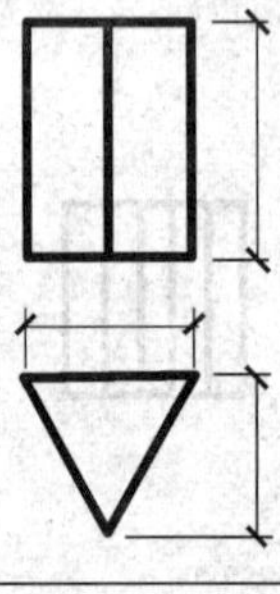	四棱柱体 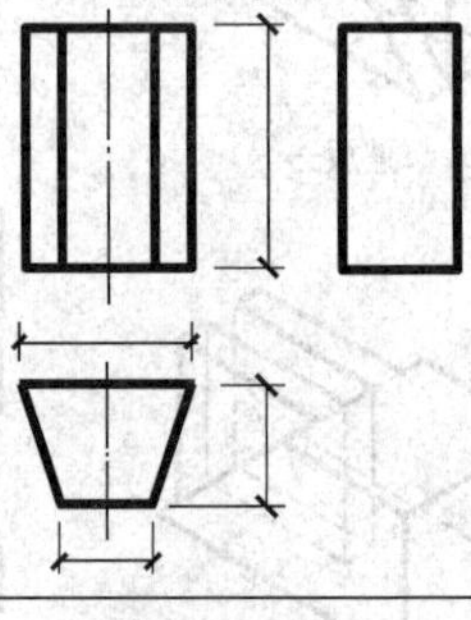
三棱锥体 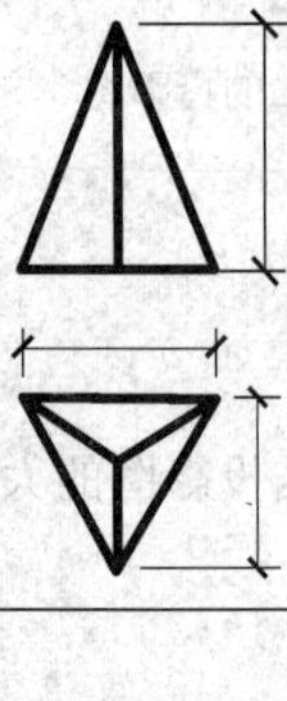	五棱锥体 	四棱台 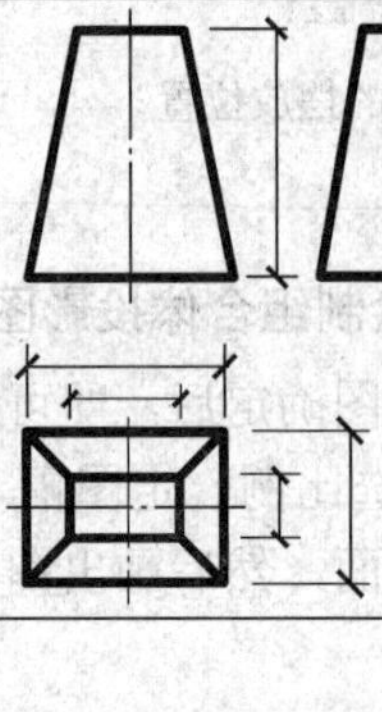

圆锥体	圆台	球体

1. 定形尺寸

用于确定组合体中各基本体自身大小的尺寸称为定形尺寸。它通常由长、宽、高三项尺寸来反映。

2. 定位尺寸

用于确定组合体中各基本形体之间相互位置的尺寸称为定位尺寸。定位尺寸在标注之前需要确定定位基准。定位基准是指某一方向定位尺寸的起止位置。

对于由平面体组成的组合体，通常选择形体上某一明显位置的平面或形体的中心线作为基准位置。通常选择形体的左(或右)侧面作为长度方向的基准；选择前(或后)侧面作为宽度方向的基准；选择上(或下)底面作为高度方向的基准。对于土建类工程形体，一般选择底面作为高度方向的定位基准。若形体是对称型，还可选择对称中心线作为标注长度和宽度尺寸的基准。

对于有回转轴的曲面体的定位尺寸，通常选择其回转轴线(即中心线)作为定位基准，不能以转向轮廓线作为定位的依据。

3. 总体尺寸

总体尺寸是指确定组合体总长、总宽、总高的外包尺寸。

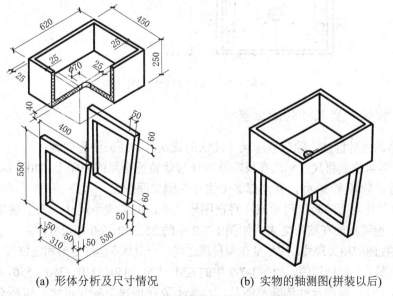

(a) 形体分析及尺寸情况　　　　　　(b) 实物的轴测图(拼装以后)

图 1-7-8　盥洗台的组成及尺寸

(二) 组合体尺寸的标注

在水槽组合体的三视图上标注(如图 1-7-9 所示)的方法和步骤如下:

(1) 标注各基本体的定形尺寸。标注水槽体的外形尺寸 620、450、250；标注四壁的壁厚均为 25，底厚 40；槽底圆柱孔直径 $\phi70$。标注支承板的外形尺寸 550、400、310 和板厚 50，制成空心板后边框四周沿水平和铅垂方向的边框尺寸 50 和 60。

(2) 标注定位尺寸。水槽体底面上 $\phi70$ 圆柱孔沿长度方向的定位尺寸，因左右对称，标注两个 310；宽度方向定位尺寸，因前后对称，标注两个 225。标注两支承板之间沿长度方向的定位尺寸 520。

(3) 标注总体尺寸。水槽的总长、总宽尺寸与水槽体的定形尺寸相同，即总长 620，总宽 450。总高尺寸 800，是这两个基本体的高度相加后的尺寸。

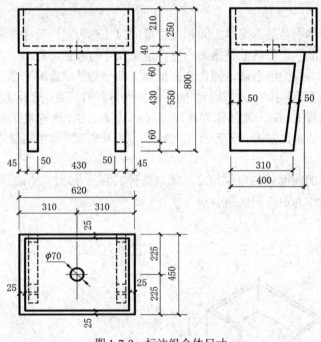

图 1-7-9　标注组合体尺寸

(三) 合理布置尺寸的注意事项

组合体的尺寸标注，除应遵守尺寸注法的规定外，还应注意做到:

(1) 应尽可能地将尺寸标注在反映基本体形状特征明显的视图上。如图 1-7-9 中支承板的定形尺寸，除板厚 50 外，其余都集中注在左侧立面图上。

(2) 为了使图面清晰，尺寸应注写在图形之外，但有些小尺寸，为了避免引出标注的距离太远，也可标注在图形之内。如图 1-7-9 中的 25、50、60 等尺寸。

(3) 两视图的相关尺寸，应尽量在两视图之间：一个基本体的定形和定位尺寸应尽量在一个或两个视图上，以便读图。如图 1-7-9 中的 620、520、450、310、250、550、800 等尺寸。

(4) 为了使标注的尺寸清晰和明显，尽量不要在虚线上标注尺寸。如两支承板外壁间的距离 520，标注在正立面图的实线上，而不注在平面图的虚线上。

(5) 一般不宜标注重复尺寸，但在需要时也允许标注重复尺寸，如图 1-7-9 中有三组尺寸：310、310、620；225、225、450；550、250、800，每组各有一个重复尺寸，都是为了便于看图和建造而标注的。

(四) 徒手绘制组合体草图

在实际工作中，常常需要用徒手按目测绘制草图。组合体投影视图的草图，通常是根据建筑物的轴测图或实物，通过目测比例绘制出来。

徒手绘图与使用仪器工具绘图有着相同的规范要求、相同的方法和步骤，都需认真绘制。徒手绘制组合体草图可以从以下几个方面进行学习训练。

(1) 草图一般在坐标方格纸上绘制。画图前先要目测或测量物体的长、宽、高，并确定各基本体之间的相对位置尺寸，分析各形体之间表面的结合方式。然后利用方格纸上相应的格数确定视图比例。一般轮廓尺寸按比例算好之后取整格子数，以便作图。

(2) 绘制草图应该画底稿(也称为找底图)，底稿图线宜用 HB 铅笔，加深粗实线宜用 2B 铅笔，虚线用 B 型铅笔。点画线、细实线可直接用 HB 铅笔画成，汉字按规范使用长仿宋体字，不得随意书写。

四、组合体投影图的识读

组合体投影是点、线、面、体投影的综合，所以对于组合体投影图的识读，需用到前几个任务学过的知识。而组合体又有自身所固有的特点，如组合方式、表面连接和组成部分的相对位置关系等。所以在识读组合体投影图之前，一定要掌握三面投影的投影规律，熟悉形体的长、宽、高三个方向以及上下、左右、前后六个方向在投影图上的反映，会应用点、直线、平面的投影特性及基本体投影特性，分析投影图中的线和线框的意义，从而联想组合体的整体形状。

组合体形状千变万化，由投影图想象空间形状往往比较困难，所以掌握组合体投影图的识读规律，对于培养空间想象力、提高识图能力以及今后识读专业图，都有很重要的作用。

(一) 识读方法

1. 形体分析法

形体分析法就是在组合体投影图上分析其组合方式、组合体中各基本体的投影特性、表面连接以及相对位置关系，然后综合起来想象组合体空间形状的分析方法。一般来说，一组投影图中总有某一投影反映形体的特征相对多一些，如正立面投影通常用于反映物体的主要特征。所以从正立面投影(或其他有特征的投影)开始，结合另两面投影进行形体分析，就能较快地想象出形体的空间形状。但有时特征投影并不集中在一个投影上，而是散落在几个投影中，这时就需要一个一个地抓特征，注意相互间的位置，运用形体分析法来想象。

形体分析法如图 1-7-10 所示。其特征比较明显的是 V 面投影，我们结合观察 W 面、H 面投影可知，该形体是由下部两个长方体上叠加一个中间偏后位置的长方体(后表面与下部长方体的后表面平齐)，然后再在其上叠加一个宽度与中间长方体相等的半圆柱体组合而成。

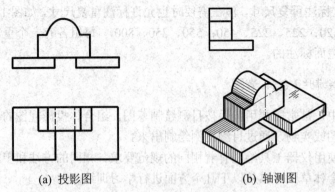

(a) 投影图　　　　　　　　　(b) 轴测图

图 1-7-10　形体分析法

在 W 面投影上主要反映了半圆柱、中间长方体与下部长方体之间的前后位置关系；在 H 面投影上主要反映下部两个长方体之间的位置关系。综合起来，我们就很容易地想象出该组合体的空间形状。

2. 线面分析法

为了读懂较复杂组合体的投影图，还需用另一种方法——线面分析法(如图 1-7-11 所示)。它是一种由直线、平面的投影特性，分析投影图中某条线或某个线框的空间意义，从而想象其空间形状，最后联想出组合体整体形状的分析方法。在这种方法运用时，需用到所学直线、平面的投影特性。

观察如图 1-7-11(a)所示的投影图，并注意各图的轮廓特征，可知该形体为切割体。因为 V 面、H 面投影有凹角，并且 V 面、W 面投影中有虚线。那么 V 面、H 面投影中的"凹"字形线框代表什么意义呢？经"高平齐"和"宽相等"对应 W 面投影，可得一斜直线，如图 1-7-11(a)所示。

根据投影面垂直面的投影特性可知，该"凹"字形线框代表一个垂直于 W 面的"凹"字形平面(即侧垂面)。结合 V 面、W 面的虚线投影，可想象出该形体为一个有侧垂面的四棱柱切去一个小四棱柱后所得的组合体，如图 1-7-11(b)所示。

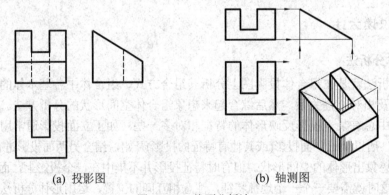

(a) 投影图　　　　　　　　　(b) 轴测图

图 1-7-11　线面分析法

(二) 识读步骤

首先，分清投影与投影之间的对应关系；其次，从正面投影(通常正面投影是表示形体特征的投影)为主，联系其他投影，大致分析形体由哪几部分组成，确定整个形体的轮廓形状。

(1) 将特征投影用实线划分成若干个封闭线框(不考虑虚线)。

(2) 确定每个封闭线框所表达的空间意义。

(3) 综合分析整体形状。

在读懂每部分形体的基础上，根据形体的三面投影进一步研究它们之间的相对位置和组合关系，将各个形体逐个组合，形成一个整体。

组合体投影图读图方法总结——认识投影抓特征、形体分析对投影、线面分析解难点、综合起来想整体。

(三) 补图、补线

识读组合体投影图，是识读专业施工图的基础。由三投影图联想空间形体是训练识图(包括画出轴测图)能力的一种有效方法。但也可通过已给两面投影补画第三面投影；或给出不完整的三面投影，补全图样中图线的方法来训练画图和识图能力。在这两种方法中，前者简称补图(也称为知二求三)，后者简称补线。当然还有对照投影图切割肥皂、泥块做模型等方法来辅助识图，帮助提高空间想象和构形能力。

补图或补线过程中所用的基本方法，仍是前述的形体分析、线面分析及通过轴测图帮助构思的方法。但它们与给出三投影图的识图过程比较，在答案的多样性、解题的灵活性以及投影知识的综合应用上，都将有所加大。

无论是补图还是补线，都是基于点、直线、平面及基本形体投影特性的熟练掌握基础上的，尤其是直线和平面。所以有必要从识读的角度来认识该两元素在投影图上的表达规律，详见直线、平面投影。

技能训练 1

已知两面投影补出第三面投影，如图 1-7-12 所示。

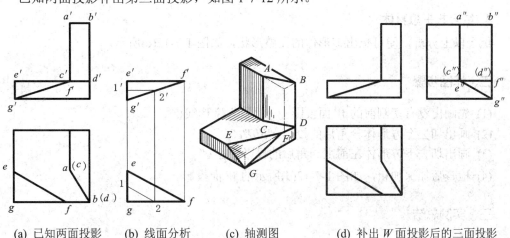

(a) 已知两面投影　　　(b) 线面分析　　　(c) 轴测图　　　(d) 补出 W 面投影后的三面投影

图 1-7-12　已知两面投影补出第三面投影

一、实例分析

1. 认识投影抓特征

由这两个已知投影可知，形体的主要特征体现在 V 面投影上。从两个投影的外轮廓上看，形体是由底板长方体上叠加一个竖向放置的长方体所组成，它们的右侧面平齐。

2. 形体分析对投影

经过形体分析对投影可发现，下方长方体并非规整的长方体，在它的两投影中都有左侧的三角形线框，这说明该长方体已被切去一角；而叠加的上部形体由 V 面矩形线框对 H 面投影可知是梯形线框，这说明该长方体也被切去一角。经上面的分析可知该形体为混合式的组合体。

3. 线面分析解难点

在 V 面矩形线框 $a'b'd'c'$ 对 H 面投影可得一斜直线投影 $a(c)b(d)$，由前述我们知道该线框为平面，根据平面的投影表达规律，包含有"一斜"特征的平面是垂直面，即"两框一斜线"，而现在已知的是一框一斜线，所以在要求的第三面投影——W 面上，必定是与 V 面边数相同的四边形线框，根据平面的投影特性："两框一斜线，定是垂直面，斜线在哪面，垂直哪个面。"可知该平面一定是铅垂面。

再由 V 面三角形线框 $e'f'g'$，对 H 面投影可得三角形线框 efg，故三角形 EFG 肯定也是一个平面，根据平面的投影表达规律有"两框一斜线"(垂直面)和"三个投影三个框"(倾斜面)之分，那么本例的两个三角形线框到底代表什么位置的平面呢？对于这样的问题，可以采用推证法来判断：如图 1-7-12(b) 所示，假设三角形 EFG 为侧垂面，则可在 V 面三角形线框 $e'f'g'$ 中取一条侧垂线 $1'2'$，因为侧垂面上必定有侧垂线，但求出 H 面的投影 12 可知，其为斜直线，不是平行于 $1'2'$ 的平直线，所以三角形 EFG 上的 Ⅰ、Ⅱ 直线是水平线而不是假定的侧垂线，即三角形 EFG 上无侧垂线，所以该平面不是侧垂面，而是一般位置平面。那么根据这一分析，在 W 面上补出应画的三角形线框 $e''f''g''$，便完成了这一部分的投影作图。

4. 综合起来想整体

综合以上分析，便可想出该形体的完整形状，如图 1-7-12(c) 所示。

二、作图步骤

(1) 先画出没有切割前的 W 面投影——"日"字形线框。
(2) 画出切去上方形体一角后的投影 $a''b''d''c''$。
(3) 画出切去下方形体左前上一角后的投影 $e''f''g''$。
(4) 检查后加深加粗，如图 1-7-12(d) 所示的 W 面投影。

三、实例总结

此例注意找准特征投影，线框划分要合理，运用正投影原理及三大类基本体的视图特征确定各组成部分的形状，同时在读图与绘图时注意形体表面的相对位置关系。

技能训练2

补出如图 1-7-13(a)所示 H 面投影图上漏画的图线。

一、实例分析

观察 V 面外轮廓可知，形体是带有正垂面(斜直线表示)的四棱柱体，再看 W 面外轮廓可知，在四棱柱前，还有一个高度较小的长方体，中间横向有一条虚线。再对应 V 面，可见该长方体中间上方切去一个小长方体，形成一个"凹"字形槽口，故 W 面投影上有虚线。

由此可知，V 面的斜直线是代表一个矩形的正垂平面，因为 W 面上对应的投影为一个矩形线框，所以在 H 面投影上也应对应地画出一个类似的矩形线框。前方长方体顶面的 V 面投影，为"凹"字形的折线，所以 H 面对应位置一定是三个并排的矩形线框，呈"四"字形，其立体图形如图 1-7-13(b)所示。

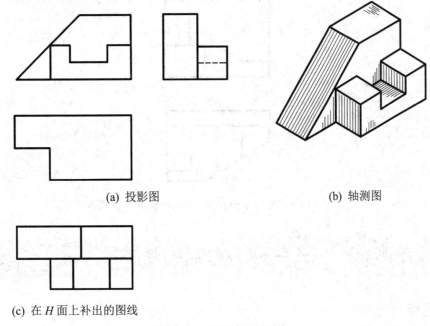

(a) 投影图　　　　　　　　　　　　　　(b) 轴测图

(c) 在 H 面上补出的图线

图 1-7-13　补出投影图漏线

二、作图步骤

(1) 根据以上分析，先画后方四棱柱上正垂面的 H 面投影，它是一个矩形线框。
(2) 画出前方开槽长方体的 H 面投影，它是一个"四"字形线框的投影。
(3) 检查后加深加粗，完成补图，如图 1-7-13(c)所示。

三、实例总结

组合体投影图的识读是学习中的难点，注意识读投影图的一般方法和步骤，并注意形体分析法和线面分析法在识读中的应用。

对于组合体投影的学习，必须多画、多读、多想，有时需结合画轴测图来帮助理解。

思考与拓展

(1) 组合体的形成方式有几种？

(2) 在组合体中，基本形体之间的表面连接方式有几种？

(3) 作图基准面的选择原则是什么？

(4) 形体分析法画组合体投影图的步骤是什么？

(5) 组合体投影图的识读法有几种？

(6) 形体分析法有几种？形体分析法适合于什么样的形体合体投影图？

(7) 用线面分析法如何识读组合体投影图？该方法适合于什么样的形体合体投影图？

(8) 已知形体的 H 面、V 面投影，求其 W 面投影，如图 1-7-14 所示。

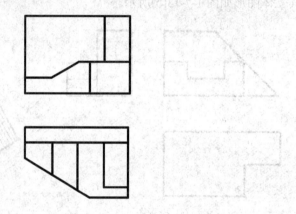

图 1-7-14　已知形体的 H 面、V 面投影求 W 面投影

任务八　轴 测 投 影 图

任务目标

(1) 了解轴测投影的形成、分类，轴向伸缩系数以及轴间角。

(2) 掌握正轴测图、斜轴测图的基本概念，能熟练绘制形体的正轴测图、斜轴测图。

(3) 掌握形体的正等测图和斜二测图的基本知识。

(4) 掌握形体的正等测图和斜二测图的作图方法。

任务分析

图 1-8-1(a)、(b)分别为形体的正投影图和轴测图。正投影图能正确表达物体的形状和大小，并且作图简便，度量性好，但它缺乏立体感，直观性较差。轴测图形象、逼真、富有立体感，但轴测图一般不能反映出物体各表面的实形，因而度量性差，同时作图较复杂。

在工程上常把轴测图作为辅助图样来说明建筑形体的大致结构与形状。这一任务将学习轴测图的基本知识。

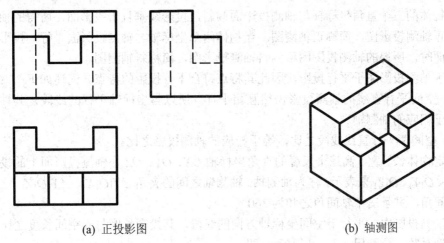

(a) 正投影图　　　　　　　　　　　　　(b) 轴测图

图 1-8-1　组合体的三面投影和轴测图

知识链接

　　轴测图是一种单面投影图，其在一个投影面上能同时反映出物体长、宽、高及这三个方向的形状，并接近于人们的视觉习惯。在设计中，用轴测图帮助构思、想象物体的形状，以弥补正投影图的不足。

　　在作形体投影图时，如果选取适当的投影方向将物体连同确定物体长、宽、高三个尺度的直角坐标轴，用平行投影的方法一起投影到一个投影面(轴测投影面)上所得到的投影，称为轴测投影，如图 1-8-2 所示。应用轴测投影的方法绘制的投影图称为轴测图。

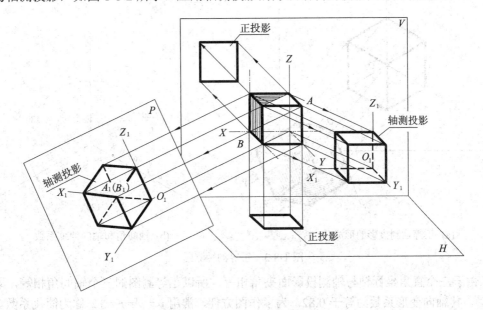

图 1-8-2　正方体的正投影和轴测投影

一、轴测投影的分类

将物体的三个直角坐标轴与轴测投影面倾斜，投影线垂直于投影面，所得的轴测投影图称为正轴测投影图，简称正轴测图。当物体两个坐标轴与轴测投影面平行，投影线倾斜于投影面时，所得的轴测投影图称为斜轴测投影图，简称斜轴测图。

由于轴测投影属于平行投影，因此其特点符合平行投影的特点。简述如下：

(1) 空间平行直线的轴测投影仍然互相平行。所以与坐标轴平行的线段，其轴测投影也平行于相应的轴测轴。

(2) 空间两平行直线线段之比，等于相应的轴测投影之比。

确定物体长、宽、高三个尺度的直角坐标轴 OX、OY、OZ 在轴测投影面上的投影分别用 O_1X_1、O_1Y_1、O_1Z_1 来表示，称为轴测轴。轴测轴之间的夹角 $\angle Y_1O_1X_1$、$\angle Y_1O_1Z_1$、$\angle Z_1O_1X_1$ 称为轴间角，并且三个轴间角之和为 360°。

在轴测投影中，平行于空间坐标轴方向的线段，其投影长度与其空间长度之比，称为轴向变形系数，分别用 p、q、r 表示，即

$$p = \frac{O_1X_1}{OX} \qquad q = \frac{O_1Y_1}{OY} \qquad r = \frac{O_1Z_1}{OZ}$$

轴测投影的种类很多，这里介绍最常用的两种轴测投影图。

1. 正等测图

当三条坐标轴与轴测投影面夹角相等时，所作的正轴测图称为正等轴测图，简称正等测图，如图 1-8-3 所示。

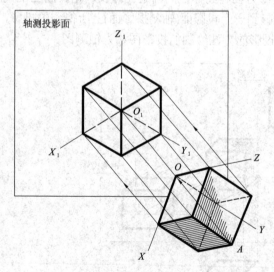

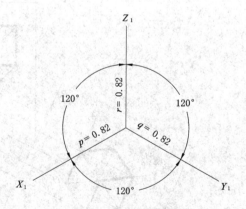

(a) 正等轴测投影的形成　　　　　(b) 轴间角和轴向伸缩系数

图 1-8-3　正等测轴测图

由于三个直角坐标轴与轴测投影面夹角相等，所以正等测图的三个轴间角相等，即为120°，其轴向变形系数约等于 0.82。为了作图方便，常用 $p = q = r = 1$，称为简化系数。用

简化系数作出的轴测图比实际的轴测图大，约为实际轴测投影图的 1.22 倍。

2. 斜二测图

斜二测图也称为斜二轴测图或正面斜轴测图。当形体的 OX 轴和 OZ 轴所确定的平面平行于轴测投影面，投影线方向与轴测投影面倾斜成一定角度时，所得到的轴测投影称为斜二测图，如图 1-8-4 所示。

斜二测图的轴间角 $\angle Y_1O_1X_1 = \angle Y_1O_1Z_1 = 135°$、$\angle Z_1O_1X_1 = 90°$，$p = r = 1$，$q = 0.5$。

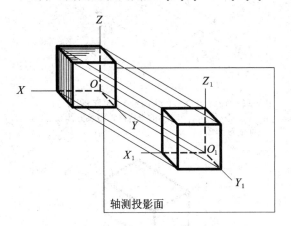
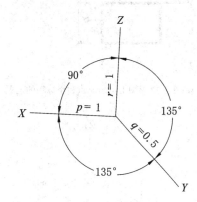

(a) 斜二轴测投影的形成　　　　　　　(b) 轴间角和轴向伸缩系数

图 1-8-4　斜二轴测图

二、平面体轴测投影

画平面体轴测图的基本方法是坐标法，即按坐标关系画出物体上各个点、线的轴测投影，然后连成物体的轴测图。但在实际作图中，还应根据物体的形状特点的不同而灵活采用其他不同的作图方法，如切割法、端面法、叠加法等。

(1) 坐标法。根据物体的特点，建立适当的坐标轴，然后按坐标法画出物体上各顶点的轴测投影，再由点连成物体的轴测图，它是其他画法的基础。在用坐标法画非轴向线段时，对于非轴向线段，其在轴测图上的长度无法直接量取，通过坐标法画出。坐标法是量取线段端点在正投影轴上的坐标值，分别在对应轴测轴上量取相等坐标值，从而定出端点在轴测图的位置，进而确定非轴向线段的轴测投影，如图 1-8-5 所示。

(2) 端面法。端面法多用于柱类形体，根据柱类形体的构造特点，一般先画出某一端面的轴测图，然后再过端面上各个可见的顶点，依据各点在 OZ 轴上的投影高度，向上作可见的棱线，可得另一端面的各顶点，连接各顶点即可得到其轴测图。

(3) 切割法。对于可以从基本立方体切割而形成的形体，首先将形体看成是一定形状的立方体，并根据以上所述方法画出其轴测图，然后再按照形体的形成过程逐一切割，相继画出被切割后的形状。

(4) 叠加法。对于常见的组合体而言，其往往可以看成是由几个基本形体叠加而成的，在形体分析的基础上，将组合体适当地分解为几个基本形体，然后依据上述的几种作图方法，逐个将基本形体的轴测图画出，最后完成整个组合体的轴测图。但要注意各部分的相对位置关系，选择适当的顺序，一般是先大后小。

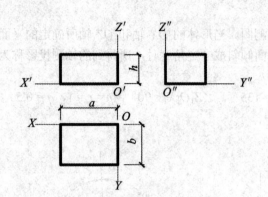

(a) 在正投影图上定出原点和坐标轴的位置

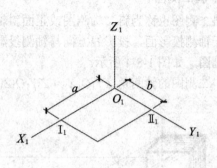

(b) 画轴测轴，在O_1X_1和O_1Y_1上分别量取a和b，过 I_1、II_1作O_1X_1和O_1Y_1的平行线，得长方体底 面的轴测图

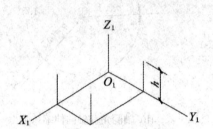

(c) 过底面各角点作O_1Z_1轴的平行线，量取高 度h，得长方体顶面各角点

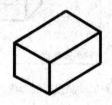

(d) 连接各角点，擦去多余的线，并描深，即得长方 体的正等测图，图中虚线可不必画出

图 1-8-5　用坐标法绘制正等轴测图

三、曲面体轴测投影

对于曲面立体表面，除了有直线轮廓线外，还有曲线轮廓线。在工程中，使用最多的 曲线轮就线就是圆或圆弧。要画出曲面立体的轴测图，必须先掌握圆和圆弧的轴测图画法。

在正投影中，当圆所在的平面平行于投影面时，其投影仍是圆；而当圆所在的平面倾 斜于投影面时，它的投影是椭圆。在轴测投影中，除斜二测投影中一个面不发生变形外， 在一般情况下，圆的轴测投影是椭圆。

1. 正等测图

当曲面体上圆平行于坐标面时，作正等测图，通常采用近似的作图方法是四心法，如 图 1-8-6 所示。

2. 斜二测图

当圆平面平行于由 OX 轴和 OZ 轴决定的坐标面时，其斜二测图仍是圆。当圆平行于 其他两个坐标面时，由于圆外切四边形的斜二测图是平行四边形，圆的轴测图可采用近似 的方法是八心法，如图 1-8-7 所示。

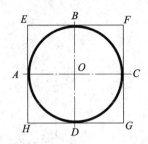

(a) 在正投影图上定出原点和坐标轴位置，并作圆的外切正方形efgh

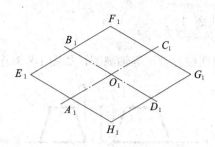

(b) 画出轴测轴及圆的外切正方形的正等测图

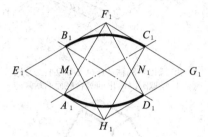

(c) 连接F_1A_1、F_1D_1、H_1B_1、H_1C_1，分别交于M_1、N_1，以F_1和H_1为圆心，F_1A_1或H_1C_1为半径作大圆弧$\overset{\frown}{B_1C_1}$和$\overset{\frown}{A_1D_1}$

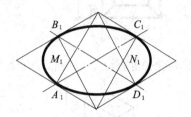

(d) 以M_1和N_1为圆心，M_1A_1或N_1C_1为半径作小圆弧$\overset{\frown}{A_1B_1}$和$\overset{\frown}{C_1D_1}$，即得平行于水平面的圆的正等测图

图 1-8-6　用四心法画圆的正等轴测图

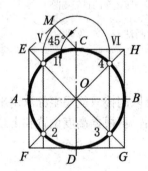

(a) 作圆的外切正方形EFGH，并连接对角线EG、FH交圆周于1、2、3、4点

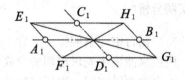

(b) 作圆外切正方形的斜二测图，切点A_1、B_1、C_1、D_1即为椭圆上的四个点

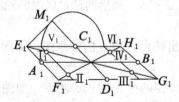

(c) 以E_1C_1为斜边作等腰直角三角形，以C_1为圆心，腰长C_1M_1为半径作弧，交E_1H_1于V_1、VI_1，过V_1、VI_1作C_1D_1的平行线与对角线交I_1、II_1、III_1、IV_1四点

(d) 依次用曲线板连接A_1、I_1、C_1、IV_1、B_1、III_1、D_1、II_1、A_1各点即得平行于水平面的圆的斜二测图

图 1-8-7　用八心法画圆的斜二等测图

技能训练 1

画出四棱台带正等轴测图，如图 1-8-8(a)所示。

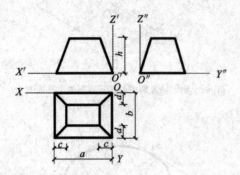

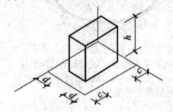

(a) 在正投影图上定出原点和坐标轴的位置

(b) 画出轴测轴，在 O_1X_1 和 O_1Y_1 上分别量取 a 和 b 画出四棱台底面的轴测图

(c) 在底面上用坐标法根据尺寸 c、d 和 h 作棱台各角点的轴测图

(d) 依次连接各点，擦去多余的线并描深，即得四棱台的正等测图

图 1-8-8　四棱台正等轴测投影的画法

一、实例分析

通过分析四棱台中四条侧棱不平行于任何投影轴，所以侧棱只能用坐标法定出端点后连接求出。所以只能采用先求出四棱台底面矩形的轴测图，再根据高度位置和上台面矩形画出四棱台上台面的轴测图，然后连接四条侧棱。

二、作图步骤

(1) 在正投影图上定出原点和坐标轴的位置，如图 1-8-8(a)所示。

(2) 画出轴测轴，在 OX 轴和 OY 轴上分别量取 a 和 b，画出四棱台底面的轴测图，如图 1-8-8(b)所示。

(3) 在底面上用坐标法根据尺寸 c、d 和 h 画出棱台各角点的轴测图，如图 1-8-8(c)所示。

(4) 依次连接各角点，擦去多余图线并加深，即得四棱台的正等测图，如图 1-8-8(d)所示。

三、实例总结

采用坐标法画出形体的轴测图，应先分析出平行和不平行投影轴的线段，然后利用平

行性和轴向伸缩系数及相对坐标画出平行线段图形的轴测图，再通过连接所求点间接画出
不平行投影轴的线段轴测图。

技能训练2

利用轴测投影的特点，画出垫块的斜二轴测图，如图1-8-9(a)所示。

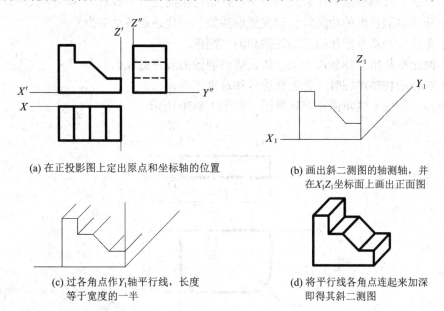

(a) 在正投影图上定出原点和坐标轴的位置

(b) 画出斜二测图的轴测轴，并
在X_1Z_1坐标面上画出正面图

(c) 过各角点作Y_1轴平行线，长度
等于宽度的一半

(d) 将平行线各角点连起来加深
即得其斜二测图

图 1-8-9 垫块的斜二轴测投影的画法

一、实例分析

通过分析可知，垫块有一侧面平行于 V 面，所以利用斜二轴测投影，将其安置在 V
面，再利用端面法画出这一端面的轴测图，然后再过端面上各个可见的顶点，依据各点
在 OY 轴上的投影宽度乘以 0.5，可得另一端面的各个顶点，然后连接各个顶点，即可得到
其轴测图。

二、作图步骤

(1) 在正投影图上定出原点和坐标轴的位置，如图 1-8-9(a)所示。

(2) 画出轴测轴，在 X_1Z_1 坐标上画出正面图，如图 1-8-9(b)所示。

(3) 过各点作 Y_1 轴平行线，长度等于宽度的一半，如图 1-8-9(c)所示。

(4) 依次连接各顶点，擦去多余图线并加深，即可得垫块的斜二轴测图，如图 1-8-9(d)
所示。

三、实例总结

采用端面法画出形体的轴测图，应先分析出平行和不平行投影轴的线段，然后利用平

行性和轴向伸缩系数及相对坐标画出平行线段图形的轴测图，再通过连接所求点间接画出不平行投影轴的线段轴测图。

思考与拓展

(1) 什么是轴测投影？什么是轴间角？什么是轴向变形系数？

(2) 正等轴测投影的轴间角、轴向变形系数及简化系数各是多少？

(3) 怎样绘制基本形体的正等测图和斜二测图？

(4) 画出叠加组合体和切割组合体正等轴测图的思路是什么？

(5) 在作形体轴测图时，首先要思考和选定的是什么？

(6) 画出平板上圆角的正等轴测图，如图 1-8-10 所示。

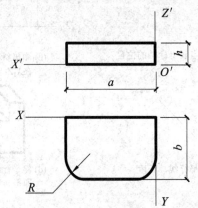

图 1-8-10　平板上圆角的正等轴测图

项 目 小 结

本项目首先介绍了投影图和各种专业图都是通过投影的方法而产生的，对它的原理和特征必须掌握和熟悉，学习者在学习中要重点学习平行投影的特性，并且能将其灵活应用到点、线、面、体投影中去；其次介绍了点、线、面、体的投影以及轴测图的画法。我们在学习过程中要多练习、多思考，不断培养自己的空间想象能力，促进自身专业素质的提高。

实训项目二　建筑制图标准应用

 项目分析

我们在设计或者绘制建筑工程图样时都有自己的思维方式和习惯,怎么能够使得其他人看懂绘图师或设计师绘制的线条、符号等所代表的含义?为此,国家质量监督检验检疫总局、建设部联合发布《房屋建筑制图统一标准》《总图制图标准》《建筑制图标准》《建筑给水排水制图标准》等国家标准,要求所有工程人员在设计、施工、管理中必须严格执行。我们从学习制图时,就应该严格地遵守国家标准中每一项规定,养成一切遵守国家条例的良好习惯。

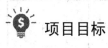 **项目目标**

(1) 能够绘制规范的图线、写出规范的长仿宋体字,能够正确地标注尺寸。

(2) 掌握剖面图、断面图的绘图原理。

 能力目标

能够正确地绘制形体的剖面图和断面图。

任务一　制图的基本规定

任务目标

(1) 熟练掌握国家制图标准的基本规定,能够运用各种线型绘制图样,能够书写工程文字和数字。

(2) 掌握尺寸的组成,理解标注规则,能够正确地标注尺寸。

任务分析

尺寸与图例如图 2-1-1 所示。图中线型的绘制、尺寸的标准等都应符合中华人民共和国国家标准《房屋建筑制图统一标准》(GB/T 50001—2017)。通过本项目的学习,我们可以正确完成此图的绘制和标注。

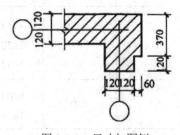

图 2-1-1　尺寸与图例

知识链接

　　本项目主要介绍《房屋建筑制图统一标准》(GB/T 50001—2017)中的部分内容，其中 GB 表示国家标准，T 表示推荐性标准，50001 表示规范编号，2017 表示规范出版年。为使工程图样清晰、文字工整、线型层次分明等，国家标准对图幅、线型、线宽、尺寸标注、比例、字体等进行了统一规定。

一、图纸幅面

　　图纸图幅是指宽度与长度组成的图面。图纸幅面用代号 A0、A1、A2、A3、A4 表示。图纸应绘制在图框内，图框是指图纸绘制范围的界限。图纸的幅面及图框应符合表 2-1-1 所示的规定。图纸的短边尺寸不应加长，A0~A3 幅面长边尺寸可加长，但加长的尺寸应符合 GB/T 50001—2017 规定，如表 2-1-2 所示。

表 2-1-1　幅面及图框尺寸　　　　　　　(单位：mm)

尺寸 ＼ 幅面代号	A0	A1	A2	A3	A4
$b \times l$	841 × 1189	594 × 841	420 × 594	297 × 420	210 × 297
c	10			5	
a	25				

　　注：表中的 b 为幅面短边尺寸，l 为幅面长边尺寸，c 为图框线与幅面线间宽度，a 为图框线与装订边间宽度。

表 2-1-2　图纸长边加长尺寸　　　　　　　(单位：mm)

幅面代号	长边尺寸	长边加长后的尺寸
A0	1189	1486 (A0+1/4l)　1635 (A0+3/8l)　1783 (A0+1/2l)　1932 (A0+5/8l) 2080 (A0+3/4l)　2230 (A0+7/8l)　2378 (A0+l)
A1	841	1051 (A1+1/4l)　1261 (A1+1/2l)　1471(A1+3/4l)　1682 (A1+l) 1892 (A1+5/4l)　2102 (A1+3/2l)
A2	594	743 (A2+1/4l)　891 (A2+1/2l)　1041 (A2+3/4l)　1189 (A2+l) 1338 (A2+5/4l)　1486 (A2+3/2l)　1635 (A2+7/4l)　1783 (A2+2l) 1932 (A2+9/4l)　2080 (A2+5/2l)
A3	420	630 (A3+1/2l)　841 (A3+l)　1051 (A3+3/2l)　1261 (A3+2l) 1471 (A3+5/2l)　1682 (A3+3l)　1892 (A3+7/2l)

　　注：有特殊需要的图纸，可采用 $b \times l$ 为 841 mm × 891 mm 与 1189 mm × 1261 mm 的幅面。

　　图纸中应有标题栏、图框线、幅面线、装订边线和对中标志。图纸的标题栏及装订边的位置,应符合下列规定:

　　(1) 横式使用的图纸,应按如图 2-1-2、图 2-1-3 所示的形式进行布置。

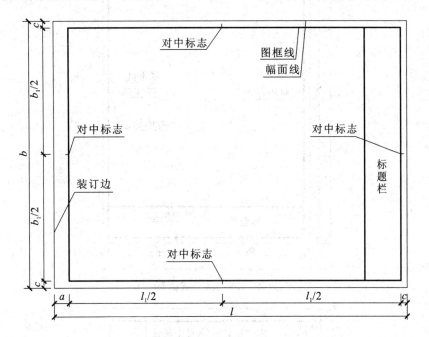

图 2-1-2　A0～A3 横式幅面(一)

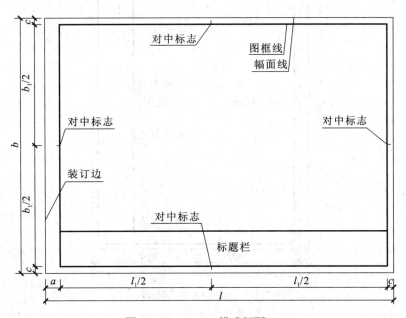

图 2-1-3　A0～A3 横式幅面(二)

　　(2) 立式使用的图纸,应按如图 2-1-4、图 2-1-5 所示的形式进行布置。

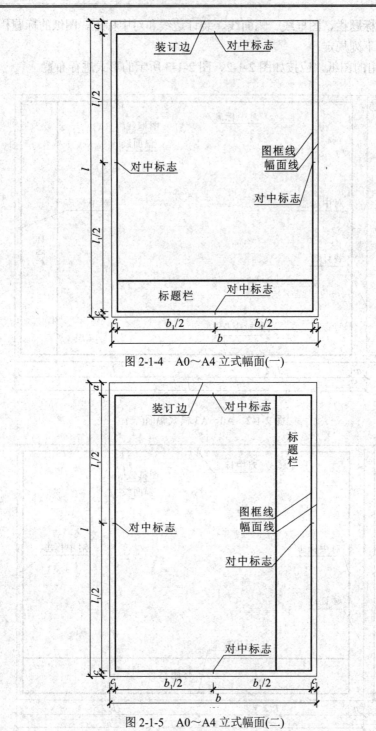

图 2-1-4　A0~A4 立式幅面(一)

图 2-1-5　A0~A4 立式幅面(二)

二、标题栏和会签栏

应根据工程的需要选择确定标题栏、会签栏的尺寸、格式及分区。设计单位可以根据每个用户需求设计出不同样式的标题栏、会签栏，分别如图 2-1-6、图 2-1-7 所示。

(a) 示例一

(b) 示例二

图 2-1-6　标题栏

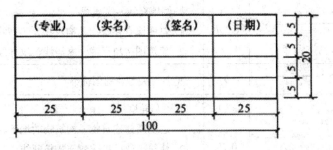

图 2-1-7　会签栏

三、图线

图线是指起点和终点间以任何方式连接的一种几何图形。其形状可以是直线或曲线，连续或不连续线。任何工程图样都是由不同类型、不同线宽的图线绘制而成的，不同类型和不同线宽的图线在图样中表示不同的内容和含义，同时也使得图样层次清晰、主次分明。在《房屋建筑制图统一标准》(GB/T 50001—2017)中，对各类图线的线型、线宽、用途都做出了规定，工程建设制图应选用如表 2-1-3 所示的图线。

表 2-1-3　图　线

名　称		线型	线宽	用　途
实线	粗		b	主要可见轮廓线： 1. 总图新建建筑物 ±0.000 高度可见轮廓线 2. 建筑平、剖面图中被剖切的主要建筑构造的轮廓线 3. 建筑内外立面图的外轮廓线 4. 建筑构造详图中被剖切的主要部分的轮廓线 5. 建筑平、立、剖面的剖切符号
	中粗		$0.7b$	可见轮廓线、变更云线： 1. 总图新建建筑物、道、桥、涵、边坡、围墙等可见轮廓线 2. 建筑平、剖面图中被剖切的次要建筑构造的轮廓线 3. 建筑平、立、剖面图中建筑构配件的轮廓线 4. 建筑构造详图及建筑构配件详图中的一般轮廓线 5. 建筑施工图中变更云线
	中		$0.5b$	可见轮廓线、尺寸线： 1. 总图新建建筑物、道、桥、涵、边坡、围墙等可见轮廓线 2. 建筑小于 $0.7b$ 的图形线、尺寸线、尺寸界线、索引符号、标高符号、详图材料做法、引出线、粉刷线、保温层线、地面、墙面的高差分界线等
	细		$0.25b$	图例填充线、家居线： 1. 总图原有建筑物、构筑物、等高线等可见轮廓线 2. 建筑图例填充线、家居线、纹样线等
虚线	粗		b	见各有关专业制图标准
	中粗		$0.7b$	不可见轮廓线： 1. 总图新建建筑物、构筑物的地下轮廓线 2. 建筑拟建、扩建建筑物轮廓线 3. 建筑平面图中起重机轮廓线 4. 建筑构造详图及建筑构配件详图中不可见的轮廓线
	中		$0.5b$	不可见轮廓线、图例线： 1. 总图计划预留用地各线 2. 建筑投影线、小于 $0.5b$ 的不可见轮廓线
	细		$0.25b$	图例填充线、家居线： 1. 建筑图例填充线、家居线 2. 总图原有建筑物、构筑物的地下轮廓线

续表

名　称		线型	线宽	用　途
单点长画线	粗	—— · —— · —— · —	b	建筑起重机轨道线
	中	—— · —— · —— · —	$0.5b$	见各有关专业制图标准
	细	- - - - - - - - - - -	$0.25b$	1. 总图分水线、中心线、对称线、定位轴线 2. 建筑中心线、对称线、定位轴线、屋顶分水线
双点长画线	粗	—— · · —— · · ——	b	总图用地红线
	中	—— · · —— · · ——	$0.5b$	见各有关专业制图标准
	细	—— · · —— · · ——	$0.25b$	总图建筑红线
折断线	细	～	$0.25b$	部分省略表示时的断开界线
波浪线	细	〜〜〜	$0.25b$	部分省略表示时的断开界线、曲线形构件断开界线 构造层次的断开界线

图线的基本线宽 b 应根据图形的复杂程度以及绘制的比例大小从如表 2-1-4 所示的线宽组中选取。在同一张图纸内，相同比例的各个图样应选用相同的线宽组。

表 2-1-4　线　宽　组

(单位：mm)

线宽比	线　宽　组			
b	1.4	1.0	0.7	0.5
$0.7b$	1.0	0.7	0.5	0.35
$0.5b$	0.7	0.5	0.35	0.25
$0.25b$	0.35	0.25	0.18	0.13

注：① 需要缩微的图纸，不宜采用 0.18 mm 或更细的线宽。

② 同一张图纸内，各不同线宽中的细线，可统一采用较细的线宽组中的细线。

③ 图线线宽均指打印成品图纸的线宽。大比例图纸 b 宜选用 1.4 mm；中比例图纸 b 宜选用 1.0 mm 或 0.7 mm；小比例图纸 b 宜选用 0.5 mm。

图纸的图框和标题栏线可采用如表 2-1-5 所示的线宽。

表 2-1-5　图框和标题栏的线宽

(单位：mm)

幅面代号	图框线	标题栏外框线对中标志	标题栏分割线幅面线
A0、A1	b	$0.5b$	$0.25b$
A2、A3、A4	b	$0.7b$	$0.35b$

要正确地绘制一张工程图纸，除了确定线型和线宽外，还应注意以下事项：

(1) 相互平行的图例线，其净间隙或线中间隙不宜小于 0.2 mm。

(2) 虚线、单点长画线或双点长画线的线段长度和间隔，宜各自相等。

(3) 单点长画线或双点长画线，当在较小图形中绘制有困难时，可用实线代替。

(4) 单点长画线或双点长画线的两端，不应采用点。当点画线与点画线交接或点画线与其他图线交接时，应采用线段交接。

（5）当虚线与虚线交接或虚线与其他图线交接时，应采用线段交接。虚线为实线的延长线时，不得与实线相接。

（6）图线不得与文字、数字或符号重叠、混淆。当不可避免时，应首先保证文字的清晰。

四、字体

字体是指文字的风格式样，又称为书体。工程图纸的文字与数字是图样的重要组成部分，其包括文字说明施工的做法与构造要求、数字标明尺寸和标高等。工程图纸上所需书写的文字、数字或符号等，均应笔画清晰、字体端正、排列整齐；标点符号应清楚正确。

1. 汉字

文字高度应符合表 2-1-6 所示的要求，高度大于 10 mm 的文字宜采用 True type 字体，当需要书写更大的字体时，其高度应按 $\sqrt{2}$ 的数字递增。

表 2-1-6　文字的字高

字体种类	中文矢量字体	True type 字体及非中文矢量字体
字高	3.5、5、7、10、14、20	3、4、6、8、10、14、20

图样及说明中的汉字，宜采用长仿宋体或黑体，同一图纸的字体种类不应超过两种，长仿宋体字的高宽比应符合表 2-1-7 所示的规定，黑体字的宽度与高度应相同，汉字的简化字书写应符合国家有关汉字简化方案的规定。

表 2-1-7　长仿宋体字的高宽比　　　　　　　　（单位：mm）

字高	3.5	5	7	10	14	20
字宽	2.5	3.5	5	7	10	14

在实际应用中，汉字的字高应不小于 3.5 mm，长仿宋体字的示例如图 2-1-8 所示。

图 2-1-8　长仿宋体字的示例

2. 字母与数字

图样及说明中的字母、数字，宜优先采用 True type 字体中的 Roman 字体、字母及数字，当需写成斜体字时，其斜度应是从字的底线逆时针向上倾斜 75°。斜体字的高度和宽度应与相应的直体字相等。字母及数字的字高不应小于 2.5 mm，数量的数值注写，应采用正体阿拉伯数字。各种计量单位凡前面有量值的，均应采用国家颁布的单位符号注写。单位符号应采用正体字母，分数、百分数和比例数的注写，应采用阿拉伯数字和数字符号。当注写的数字小于 1 时，应写出个位的"0"，小数点应采用圆点，齐基准线书写。拉丁字母、阿拉伯数字与罗马字母的书写规则应符合表 2-1-8 所示的规定。

表 2-1-8　拉丁字母、阿拉伯数字与罗马数字的书写规则

书写格式	正常字体	窄字体
大写字母高度	h	h
小写字母高度(上下均无延伸)	$7/10h$	$10/14h$
小写字母伸出的头部或尾部	$3/10h$	$4/14h$
笔画宽度	$1/10h$	$1/14h$
字母间距	$2/10h$	$2/14h$
上下行基准线的最小间距	$15/10h$	$21/14h$
词间距	$6/10h$	$6/14h$

长仿宋体字、字母、数字应符合现行国家标准《技术制图 字体》GB/T 14691—1993 的有关规定。

五、比例

比例是指图中图形与其实物相应要素的线性尺寸之比。工程图纸是建筑施工、预算等的主要依据，在一般情况下，工程图纸中的图形很难将物体按照实际大小画在图上，而是按照一定的比例将实物放大或缩小。比例的符号为"："，以阿拉伯数字表示，宜注写在图名的右侧；字的基准线应取平，比例的字高宜比图名的字高小一个号或两个号，如图 2-1-9 所示。在一般情况下，一个图样应选用一种比例。绘图所用的比例应根据图样的用途与被绘对象的复杂程度，从表 2-1-9 中选用，并应优先采用表中常用比例。根据专业制图需要，同一图样可选用两种比例。特殊情况下也可自选比例，这时除应注出绘图比例外，还应在适当位置绘制出相应的比例尺。需要缩微的图纸应绘制比例尺。

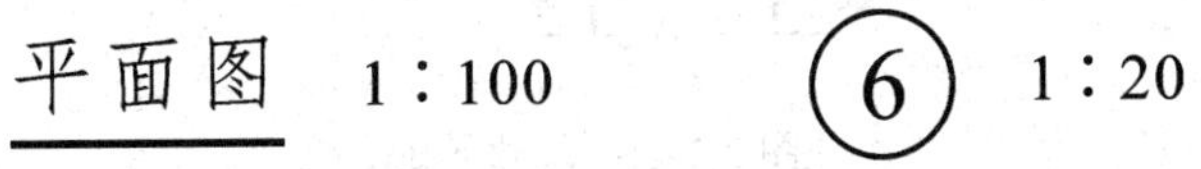

平面图　1：100　　⑥　1：20

图 2-1-9　比例的注写

表 2-1-9　绘图比例选用表

图　名	常用比例	可用比例
总平面图	1：500、1：1000、1：2000	1：400、1：600、1：5000、1：10000
建筑物或构筑物的平面图、立面图、剖面图	1：50、1：100、1：150、1：200	1：250、1：300
建筑物或构筑物的局部放大图	1：10、1：20、1：30、1：50	1：15、1：25、1：40、1：60、1：80
构配件及构造详图	1：1、1：2、1：5、1：10、1：20、1：30、1：50	1：15、1：25、1：40

六、尺寸标注

尺寸标注由尺寸界线、尺寸起止符号、尺寸数字和尺寸线四个要素组成,如图 2-1-10 所示。

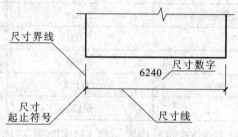

图 2-1-10　尺寸的组成

1. 尺寸界线

尺寸界线应用细实线绘制,应与被注长度垂直,其一端应离开图样轮廓线不小于 2 mm,另一端宜超出尺寸线 2 mm～3 mm,图样轮廓线可用作尺寸界线,如图 2-1-11 所示。尺寸线应用细实线绘制,与被注长度平行,两端宜以尺寸界线为边界,也可超出尺寸界线 2 mm～3 mm。图样本身的任何图线均不得用作尺寸线。

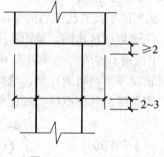

图 2-1-11　尺寸界线

2. 尺寸起止符号

尺寸起止符号用中粗斜短线绘制,其倾斜方向应与尺寸界线成顺时针 45° 角(如图 2-1-12 所示),长度宜为 2 mm～3 mm。轴测图中用小圆点表示尺寸起止符号,小圆点直径 1 mm。半径、直径、角度与弧长的尺寸起止符号,宜用箭头表示,箭头宽度 b 不宜小于 1 mm。

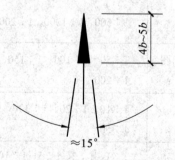

图 2-1-12　箭头尺寸起止符号

3. 尺寸数字

尺寸数字应按照规定的字体书写，字高一般是 2.5 mm 或 3.5 mm。图样上的尺寸，以尺寸数字为准，不应从图上直接量取。尺寸单位除标高及总平面以"米"(m)为单位外，其他都以"毫米"(mm)为单位。尺寸数字的方向按如图 2-1-13(a)所示的形式注写。若尺寸数字在 30° 斜线区内，也可按如图 2-1-13(b)所示的形式注写。

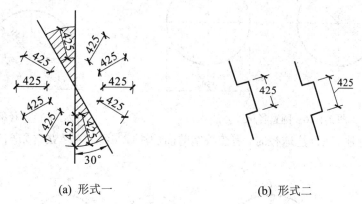

(a) 形式一　　　　　　　　　　　(b) 形式二

图 2-1-13　尺寸数字的注写方向

尺寸数字应依据其方向注写在靠近尺寸线的上方中部。若没有足够的注写位置，则最外边的尺寸数字可注写在尺寸界线的外侧，中间相邻的尺寸数字可上下错开注写，可用引出线表示标注尺寸的位置，如图 2-1-14 所示。

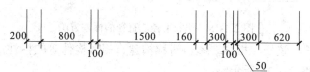

图 2-1-14　尺寸数字的注写位置

4. 尺寸线

尺寸线与图样最外轮廓线的间距不宜小于 10 mm，平行排列的尺寸线的间距宜为 7 mm～10 mm，并保持一致，如图 2-1-15 所示。

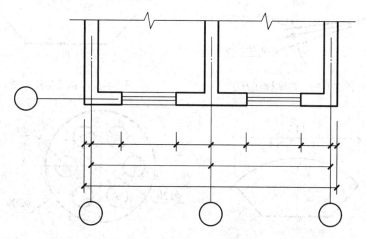

图 2-1-15　平行排列的尺寸线

5. 圆、球、角度、弧度、弧长、坡度等尺寸标注

(1) 圆的标注。在标注圆的直径尺寸数字前面，加注直径符号"ϕ"如图 2-1-16 所示。在标注圆的半径尺寸数字前面，加注半径符号"R"，如图 2-1-17 所示。

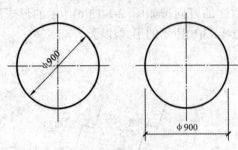
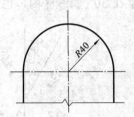

图 2-1-16　圆直径标注方法　　　　　　　　图 2-1-17　半径标注方法

(2) 球的标注。在标注球径时，需在数字前面加注球半径符号"SR"或球直径符号"$S\phi$"，如图 2-1-18 所示。

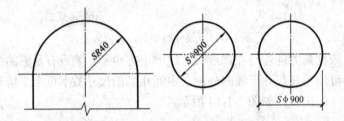

图 2-1-18　球的半径、直径的标注方法

(3) 角度、弧长、弦长、相同要素、对称构建、相似构件等的标注，应满足规范要求，分别如图 2-1-19～图 2-1-24 所示。

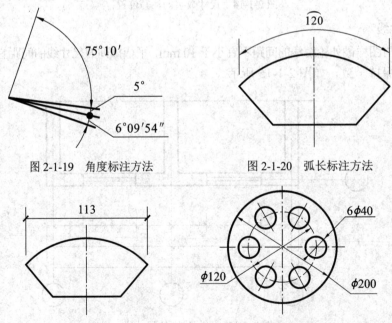

图 2-1-19　角度标注方法　　　　　　　图 2-1-20　弧长标注方法

图 2-1-21　弦长标注方法　　　　　　　图 2-1-22　相同要素尺寸标注方法

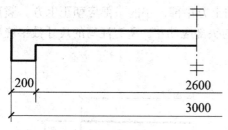
图 2-1-23　对称构件尺寸标注方法

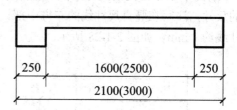
图 2-1-24　相似构件尺寸标注方法

6. 尺寸标注注意事项

(1) 轮廓线、中心线可作为尺寸界线，但不能作为尺寸线，如图 2-1-25 所示。

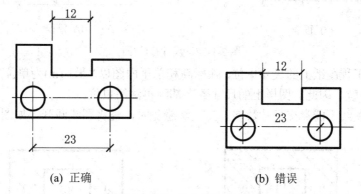

(a) 正确　　　　　　　　　　(b) 错误

图 2-1-25　尺寸标注(一)

(2) 不能用尺寸界线作为尺寸线，如图 2-1-26 所示。

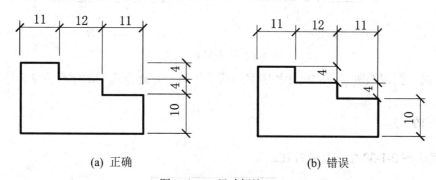

(a) 正确　　　　　　　　　　(b) 错误

图 2-1-26　尺寸标注(二)

(3) 应将大尺寸标在外侧，小尺寸标在内侧，如图 2-1-27 所示。

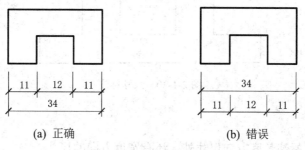

(a) 正确　　　　　　　　　　(b) 错误

图 2-1-27　尺寸标注(三)

(4) 对于水平方向的尺寸，注写在尺寸线的上方中部，字的头部应朝正上方。竖直方向的尺寸，注写在竖直尺寸线的左方中部，字的头部应朝左。所有注写的尺寸数字应离开尺寸线约 1 mm，如图 2-1-28 所示。

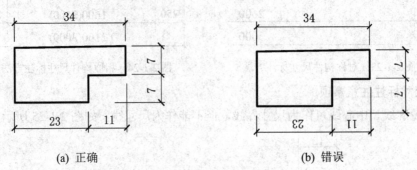

(a) 正确　　　　　　　　　　　　　　　　　(b) 错误

图 2-1-28　尺寸标注(四)

(5) 对于工程图纸上的尺寸单位，除标高和总平面图以"米"(m)为单位外，一般以"毫米" (mm)为单位。因此，图样上的尺寸数字都不再注写单位。

(6) 任何图线不能穿交尺寸数字。当无法避免时，需将图线断开，如图 2-1-29 所示。

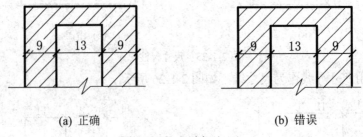

(a) 正确　　　　　　　　　　　　　　　　(b) 错误

图 2-1-29　尺寸标注(五)

(7) 同一张图纸所标注的尺寸数字字号应大小统一，通常选用的字号为 2.5 号。

技能训练

请完成图 2-1-30 中的尺寸标注。

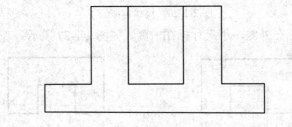

图 2-1-30　尺寸标注

一、实例分析

图 2-1-30 除了标注长度方向尺寸外，还有宽度方向的尺寸。

二、标注步骤

(1) 先标注长度方向的尺寸，按照小在内，大在外的原则标注，同一方向尽量首尾相连。

(2) 标注宽度方向的尺寸，完成后的图如图 2-1-31 所示。

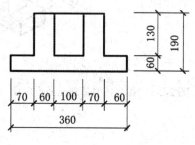

图 2-1-31　尺寸标注

三、实例总结

在标注时，注意尺寸的布置，水平与垂直方向的尺寸起止符号画法方向，尺寸标注的完整性，不能遗漏尺寸。同时，按照一个方向的所有尺寸标注完成后，再进行另一方向尺寸的标注。

思考与拓展

(1) 图线的宽度有几种？图线画法的具体规定有哪些？各种线型的具体应用如何？

(2) 1∶2 和 2∶1 哪个是放大比例？

(3) 字体的字号与字体的高度有什么关系？字体的高度和宽度有什么关系？

(4) 尺寸标注的基本规则有哪些？

任务二　建筑形体的剖面图

任务目标

(1) 认识建筑形体剖面图的形成方法。

(2) 掌握建筑形体剖面图的画法。

任务分析

图 2-2-1 为一双柱杯型基础三面投影图。其中正面图及侧立面图中存在虚线，为了能够更清楚地表达该形体的内部形状、构造及材质，可以用一个假想的面将形体剖开，由此可以看到其内部构造。在本任务中，我们将学习剖面图相关内容。

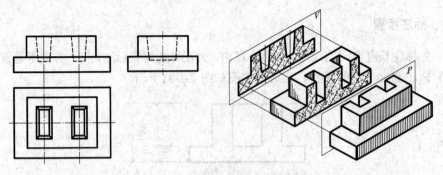

图 2-2-1　双柱杯型基础三面投影图

知识链接

　　在绘制建筑形体的投影图时，由于建筑物或构筑物及其构配件内部构造较为复杂，绘制时在投影图中往往有较多虚线，必然形成图面虚实线交错，混淆不清，既不利于标注尺寸，也不容易进行读图。为了解决这个问题，可以假想用一个切平面将形体剖开，让它的内部构造显露出来，使形体的不可见部分变为可见，从而可用实线表示其形状。这种表达方式即为剖面图。

一、剖面图的概述

　　为了清楚表达物体的内部构造，用一个假想的剖切平面将形体剖切开，移去观察者和剖切平面之间的部分，作出剩余部分的正投影，称为剖面图。

　　在图 2-2-1 中，假想用平面 P 将杯型基础从中间剖切开，移去观察者与剖切平面之间的部分，再将剩余部分形体投影在 V 面，原来在投影图中表示内部结构的虚线，则在剖面图中变成了看得见的粗实线，如图 2-2-2 所示。

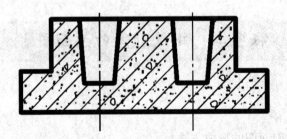

图 2-2-2　双柱杯型基础 V 面剖面图

二、剖面图的画法

1. 确定剖面图的位置和数量

　　在画剖面图时，应选择合适的剖切平面位置，使剖切后画出的图形能确切、全面地反映形体内部的真实构造。选择的剖切平面应平行于投影面，由此可反映实形，剖切平面应通过形体的对称面或孔、洞、槽的轴线。

一个形体的一个剖面图不可能完全反映其内部构造，此时需画几个剖面图，剖面图的数量应根据形体的复杂程度而定。一般较简单的形体可不画或少画剖面图，而较复杂的形体则应多画几个剖面图来反映其内部的复杂形状，如图 2-2-3 所示。

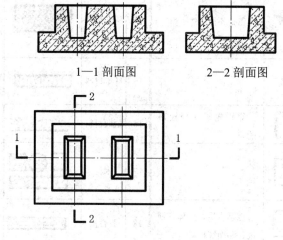

1—1 剖面图　　　　2—2 剖面图

图 2-2-3　双柱杯型基础剖面图

2. 剖面图的标注

剖面图本身不能反映剖切平面的位置，故应在其他投影图上标注出剖切符号。剖切面的标注由剖切符号及编号组成。剖切符号由剖切位置线及剖视方向线组成。这两种线均用粗实线绘制。剖切位置线的长度一般为 6 mm～10 mm。剖视方向线垂直于剖切位置线，长度为 4 mm～6 mm。剖切符号应尽量不穿越图面上的图线。为了区分同一形体上的几个剖面图，在剖切符号上应用阿拉伯数字加以编号，数字写在剖视方向线的一边。

3. 绘制剖面图

在绘制剖面图时，被剖切面切到部分的轮廓线用粗实线绘制，沿投射方向可以看到的部分用中实线绘制。

在画剖面图时需要注意的是，剖面图是被剖开物体留下部分所作的投影，但剖切是假想的，所以在画其他图样时，仍应画出完整的形体，不受剖切的影响。

4. 画出材料图例

为使物体被剖到部分与未剖到部分区分开来，使图形清晰可辨，应在断面轮廓范围内画上表示其材料种类的图例。材料图例按国家标准《房屋建筑制图统一标准》规定。在房屋建筑工程图中应采用如表 2-1-1 所规定的常用建筑材料图例。

若未注明该形体的材料，应在相应位置画出同向、同间距并与水平线成 45°角的细实线，也称为剖面线。在画剖面线时，同一形体在各个剖面图中剖面线的倾斜方向和间距要一致。在钢筋混凝土中，当剖面图主要用于表达钢筋分布时，构件被切开部分不画材料符号，而改画钢筋。

5. 标注剖面图的名称

在剖面图的下方应标注剖面图的名称，如 $X—X$ 剖面图，在图名下画一水平粗实线，长度以图名所占长度为准。

表 2-1-1　常用建筑材料图例

序号	名称	图例	说明	序号	名称	图例	说明
1	自然土壤		包括各种自然土壤	14	多孔材料		包括水泥珍珠岩、沥青珍珠岩、泡沫混凝土、非承重加气混凝土、泡沫塑料、软木等
2	夯实土壤			15	纤维材料		包括麻丝、玻璃棉、矿渣棉、木丝板、纤维板等
3	砂、灰土		靠近轮廓线画较密的点	16	松散材料		包括木屑、石灰木屑、稻壳等
4	砂、砾石、碎砖、三合土			17	木材		1. 上图为横断面，左上图为垫木、木砖、木龙骨； 2. 下图为纵断面
5	天然石材		包括岩层、砌体、铺地、贴面等材料	18	胶合板		应注明胶合板的层数
6	毛石			19	石膏板		
7	普通砖		1. 包括砌体、砌块； 2. 断面较窄，不易画出图例线，可涂红	20	金属		1. 包括各种金属； 2. 图形小时可涂黑
8	耐火砖		包括耐酸砖等	21	网状材料		1. 包括金属、塑料等网状材料； 2. 注明材料
9	空心砖		包括各种多孔砖	22	液体		注明名称
10	饰面砖		包括铺地砖、马赛克、陶瓷锦砖、人造大理石等	23	玻璃		包括平板玻璃、磨砂玻璃、夹丝玻璃、钢化玻璃等
11	混凝土		1. 本图例仅适用于能承重的混凝土及钢筋混凝土；	24	橡胶		
12	钢筋混凝土		2. 包括各种标号、骨料、添加剂的混凝土； 3. 在剖面图上画出钢筋时不画图例线； 4. 如断面较窄，不易画出图例线，可涂黑	25	塑料		包括各种软、硬塑料，有机玻璃等
				26	防水卷材		构造层次多和比例较大时采用上面图例
13	焦渣、矿渣		包括与水泥、石灰等混合而成的材料	27	粉刷		本图例画较稀的点

三、剖面图的分类

由于不同的形体形状各异，在对形体作剖面图时所剖切的位置和作图方法也不同，通常所采用的剖面图有全剖面图、半剖面图、阶梯剖面图、展开剖面图和分层剖切剖面图等五种。

1. 全剖面图

不对称的建筑形体，或虽然对称但外形比较简单，或在另一个投影中已将它的外形表达清楚，可假想用一个剖切平面将形体全部剖开，然后画出形体的剖面图，该剖面图称为全剖面图，如图 2-2-4 所示。该形体虽然对称，但比较简单，分别用正平面、侧平面和水平面剖切形体，得到 1—1 剖面图、2—2 剖面图和 3—3 剖面图。

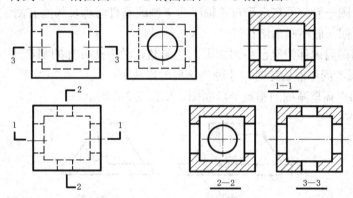

图 2-2-4　全剖面图

【例 1】　画出水池的 1—1、2—2 剖面图。水池投影图如图 2-2-5 所示。

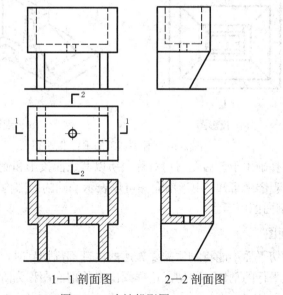

1—1 剖面图　　　　2—2 剖面图

图 2-2-5　水池投影图

解　该水池上部是池体，在池体底板中部有一泄水口，下部是两个支撑板。

1—1 剖切平面是正平面，并通过池底板泄水孔的轴线，将水池壁、底板和支撑板全部剖切开，其剖面图见 1—1 剖面图。

2—2 剖切平面是侧平面，也通过池底板泄水孔的轴线，但支撑板未剖切到，其剖面图见 2—2 剖面图。

2. 半剖面图

如果被剖切的形体是对称的，用两个相互垂直的剖切面将物体沿对称轴线剖开，移去物体的 1/4，绘制剩余物体的投影图，画图时常把投影图的一半画成剖面图，另一半画成形体的外形图，这个组合而成的投影图称为半剖面图。这种画法可以节省投影图的数量，从一个投影图可以同时观察到立体的外形和内部构造。

在画半剖面图时，应注意以下几点：

(1) 半剖面图与半外形投影图应以对称轴线作为分界线，即画成细单点长画线。

(2) 半剖面图一般应画在水平对称轴线的下侧或垂直对称轴线的右侧。

(3) 半剖面图一般不画剖切符号。

(4) 半剖面图因内部情况已由剖面图表达清楚，故表达外形的那半边一律不画虚线，只是在某部分形状尚不能确定时，才画出必要的虚线。

【例 2】画出杯型基础的垂直半剖面图，如图 2-2-6 所示。

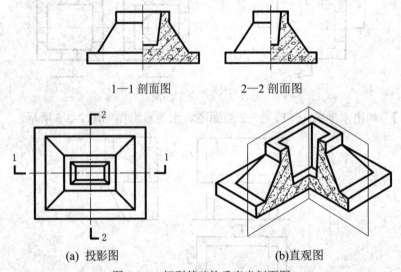

　　　　1—1 剖面图　　　　　　　2—2 剖面图

　　　(a) 投影图　　　　　　　　　　　　(b) 直观图

图 2-2-6　杯型基础的垂直半剖面图

解　该杯型基础由于前后左右均对称，所以其正面投影和侧面投影均可做半剖面图，剖切位置可从直观图中可知，由半剖面图可以表示基础的内部构造和外部形状，如图 2-2-6 中 1—1、2—2 剖面图所示。

3. 阶梯剖面图

当用一个剖切平面不能将物体需要表达的内部都剖切到时，可将剖切平面垂直转折成两个或两个以上平行的剖切面剖切，这样画出来的剖面图称为阶梯剖面图。在画阶梯剖面图时，应注意以下几点：

(1) 在画阶梯剖面图时，在剖切平面的起始和转折处用均要用短粗实线画出剖切位置和投影方向，同时注明剖切名称。

(2) 由于剖切面是假想的，所以剖切面的转角处是没有分界线的。

【例3】画出如图 2-2-7 所示形体的阶梯剖面图。

解 该形体具有两个孔洞，但这两个孔洞不在同一轴线上，作一个全剖面图不能同时剖切到两个孔洞。因此，为了表达形体的内部构造，可以考虑用两个相互平行的平面通过两个孔洞剖切，可得到其阶梯剖面图，如图 2-2-7 所示。

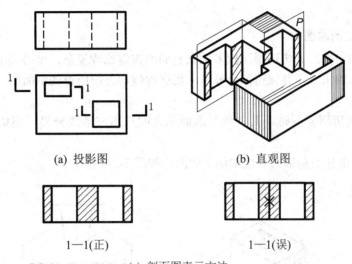

(a) 投影图   (b) 直观图

1—1(正)   1—1(误)

(c) 剖面图表示方法

图 2-2-7 形体的阶梯剖面图

4. 展开剖面图

有些形体，由于发生不规则的转折或圆柱体上的孔洞不在同一轴线上，采用以上三种剖切方法都不能解决，可以用两个或两个以上相交剖切平面将形体剖切开后，将倾斜于投影面的剖面绕其交线旋转展开到与投影面平行的位置，由此得到的剖面图就称为展开剖面图。在画展开剖面图时，应注意以下几点：

(1) 展开剖面图的图名后应加注"展开"字样。

(2) 在画展开剖面图时，应在剖切平面的起始及相交处，用短粗线表示剖切位置，用垂直于剖切线的短粗线表示投影方向。

【例4】画出过滤池的展开剖面图，其投影图如图 2-2-8 所示。

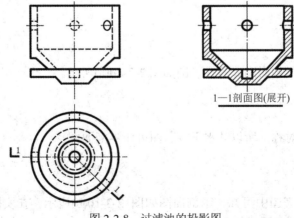

1—1剖面图(展开)

图 2-2-8 过滤池的投影图

解　由于过滤池壁上的孔洞不在一条线上，如用一个或两个平行的剖切平面都无法将洞口表示清楚，所以用两个相交的剖切平面进行剖切，沿 1—1 剖面图位置将池壁上不同位置的孔洞剖开，然后使其中右半个剖切面绕两剖切平面的交线旋转到左半个剖面图形所在的平面(一般为投影面平行面)上，然后向正立投影面上投影，如图 2-2-8 中 1—1 剖面图所示。

5. 分层剖切剖面图

有些建筑的构件，其构造层次较多或只有局部构造比较复杂，可用采用局部分层剖切方法表示其内部的构造，并保留部分外形，用这种剖切方法所得的剖面图，称为分层剖切剖面图。

在画分层剖切剖面图时，其外形与剖面图之间应用波浪线分界，剖切范围根据需要而定。

【例 5】画出杯型基础的分层剖切剖面图，如图 2-2-9 所示。

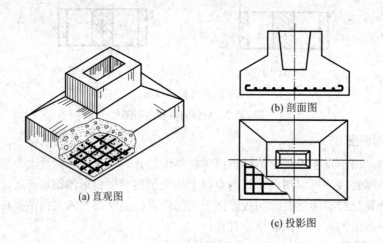

(a) 直观图　　　(b) 剖面图　　　(c) 投影图

图 2-2-9　杯型基础的分层剖切剖面图

解　为了显示杯型基础内部钢筋配置情况，并保留部分外形，考虑采用局部分层剖切方法。

技能训练

画出形体的水平半剖面图，其投影图如图 2-2-10(a)所示。

一、实例分析

该形体由于前后对称，所以其水平投影图可作半剖面图。

二、作图步骤

剖切位置可从直观图中可知，半剖面图如图 2-2-10(b)所示。在实际作图中，可用图2-2-10(b)代替图 2-2-10(a)所示的水平投影图。

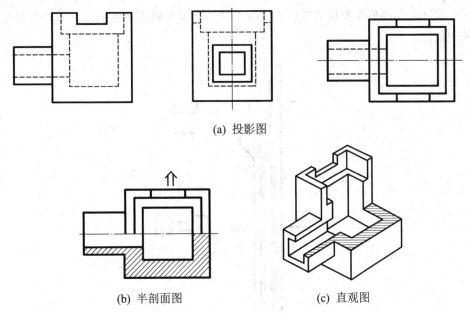

(a) 投影图

(b) 半剖面图　　　　　　　　(c) 直观图

图 2-2-10　水平半剖面图

三、实例总结

水平半剖面图应画在水平对称轴线的下侧，在画半剖面图时，一般不画剖切符号。

思考与拓展

(1) 剖面图是如何绘制的？
(2) 剖切位置及投射方向怎样表示？
(3) 剖面图中的图名应如何注写？

任务三　建筑形体的断面图

任务目标

(1) 认识建筑形体的断面图的形成方法。
(2) 熟练掌握建筑形体的断面图的画法。
(3) 掌握断面图与剖面图的区别。

任务分析

对于某些单一或简单的建筑构件，需明确其截面形状、尺寸及内部配筋来指导工程施工，如表示梁、板、柱的某截面。此时采用剖面图表示有些繁琐，那么用什么样的视图来表示构件某一截面的形状及尺寸呢？图 2-3-1 所示为两个截面的断面图。下面学习断面图的相关知识。

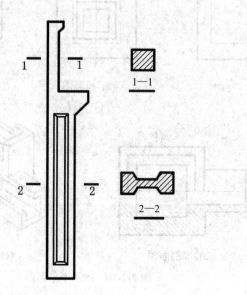

图 2-3-1　断面图

知识链接

一、断面图的概述

对于某些单一的杆件或需要表示某一部位的截面形状时，可以只画出形体与剖切平面相交的那部分图形。假想用一个平行于某一基本投影面的剖切平面将形体剖开，仅将剖切面切到的截断面部分向投影面投射，所得到的图形称为断面图，简称断面。图 2-3-1 所示为带牛腿的"工"字形柱子的 1—1、2—2 断面图。

断面图常用来表示建筑工程中梁、板、柱造型等某部位的断面形状及大小及钢筋的配置，需单独绘制。

二、断面图的画法

1. 确定剖切位置

在所要表达形体截面的位置处，画出断面图的剖切位置线。

2. 断面图的标注

断面图的剖切符号绘制在投影图的外侧，仅用剖切位置线来表示，没有剖视方向线。剖切位置线用一条长度为 6 mm～10 mm 的粗实线绘制。为了区分同一形体上的几个断面图，在剖切符号上应用阿拉伯数字加以编号。投影方向则以编号与剖切位置线的相互位置来表示，断面图剖切符号的编号写在剖切位置线的哪一侧，就表示向哪一个方向进行投影。

3. 绘制断面图

将剖切平面剖开物体后所得的截断面进行投影，削切到的物体轮廓线用粗实线绘制。

4. 画出材料图例

在断面图内绘制物体的材料图例或剖面线。其画法与剖面图的完全相同，一般用粗实线绘制，图例按照建筑制图标准的规定执行。

5. 标注断面图的名称

在断面图下方中间位置处标注断面图的名称。例如，X—X，与剖面图命名一样，也是在名称下画一短粗线，长度与图名长度一致。

三、断面图与剖面图的区别

(1) 断面图只画出物体被剖切后剖切平面与形体接触的那部分，即只画出截断面的图形，而剖面图除了画出断面图形外，还要画出物体切开后剩余可见部分的投影。即断面图是"面"的投影，剖面图是"体"的投影，剖面图中包含断面图，这是剖面图与断面图的本质区别，如图 2-3-2 所示。

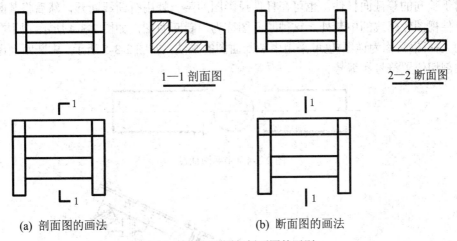

1—1 剖面图　　　　　　　　　2—2 断面图

(a) 剖面图的画法　　　　　　　　(b) 断面图的画法

图 2-3-2　断面图与剖面图的区别

(2) 断面图和剖面图的符号也不同。断面图的剖切符号只画剖切位置线，不画剖视方向线，编号写在投影方向的一侧；而剖面图的剖切符号由剖切位置线和剖视方向线所组成。

(3) 断面图与剖面图中剖切平面的数量不同。断面图一般只能使用单一剖切平面，不允许转折；而剖面图可采用多个剖切平面，可以发生转折。

(4) 断面图与剖面图的作用不同。断面图是为了表达构件某局部的断面形状，主要用于结构施工图；而剖面图则是为了表达形体的内部形状和构造，一般用于绘制建筑施工图。

(5) 断面图与剖面图的命名不同。根据视图中相应的标注编号，断面图的图名为"X—X"，不需要注写断面图字样；而剖面图的图名为"X—X 剖面图"。

四、断面图的分类

根据断面图与视图位置关系的不同，断面图分为移出断面图、中断断面图和重合断面图。

1. 移出断面图

将形体某一部分剖切后所形成的断面图画在投影图的之外的部分称为移出断面图，如图 2-3-3 所示。断面图移出的位置，应与形体的投影图靠近，以便识读。断面图也可用适当的比例放大画出，以利于标注尺寸和清晰地显示其内部构造。

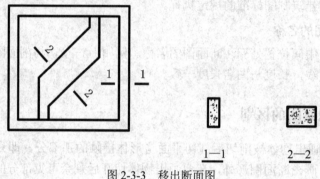

图 2-3-3　移出断面图

2. 中断断面图

对于长向的等截面杆件，也可在杆件投影图的某一处用折断线断开，然后将其断面图画在杆件视图轮廓线的中断处，这种断面图称为中断断面图，如图 2-3-4 所示。同样，钢屋架的大样图(又称为详图)也可采用中断断面图的画法，如图 2-3-5 所示。中断断面图不需要标注剖切位置符号和编号。

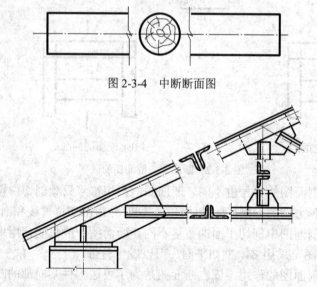

图 2-3-4　中断断面图

图 2-3-5　断面图画在杆件断开处

3. 重合断面图

将断面图直接画于投影图中，二者重合在一起的称为重合断面图，如图 2-3-6 所示。重合断面图的比例应与原投影图一致。断面轮廓线可能是闭合的，也可能是不闭合的，此时应在断面轮廓线的内侧加画图例符号。为了区别断面轮廓线与投影轮廓线，断面轮廓线应以粗实线绘制，而投影轮廓线则以中粗线绘制。

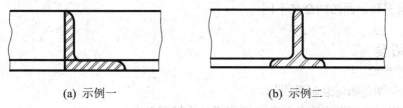

(a) 示例一   (b) 示例二

图 2-3-6 重合断面图

技能训练

钢筋混凝土梁的投影图如图 2-3-7 所示。作出 2—2 断面图和 3—3 剖面图。

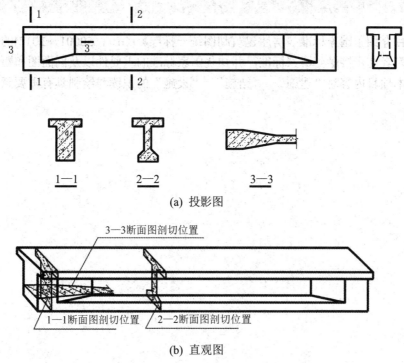

1—1   2—2   3—3

(a) 投影图

3—3断面图剖切位置

1—1断面图剖切位置   2—2断面图剖切位置

(b) 直观图

图 2-3-7 钢筋混凝土梁的投影图

一、实例分析

根据局部剖面图和 1—1 断面图可想象其立体图形，按照投射方向，将剖切后所得到的截面向投影面进行投影，可得到所要求的断面图和剖面图。

二、作图步骤

作图步骤略，其结果如图 2-3-7 中 2—2、3—3 所示。

三、实例总结

在绘制断面图和剖面图时，需注意投影的方向；断面图是截面的投影，剖面图是体的投影；断面图和剖面图的命名不同。

思考与拓展

(1) 断面图是如何绘制而成的？

(2) 常用的断面图有哪几类？各适用于什么情况？

(3) 断面图与剖面图有什么区别？

项 目 小 结

本项目介绍了国家标准《房屋建筑制图统一标准》(GB/T 50001—2017)的一些基本内容，让学习者初步接触到国家标准，并知晓国家标准的重要性以及剖面图和断面图的画法等。学习本项目内容对"建施""结施""设施"的识读与绘制具有重要意义。

实训项目三　建筑施工图

 项目分析

房屋是供人们生活、生产、学习、工作和娱乐的场所，与人们关系密切。那么，我们怎么知道一栋拟建房屋的内外形状，大小以及各部分的构造、装修等内容呢？按照国家的规定，采用正投影方法详细准确地画出的图像为房屋施工图，通过本项目我们学习房屋施工图中建筑施工图的识读。

 项目目标

(1) 了解房屋的组成部分，认识建筑施工图中的基本符号。

(2) 掌握首页图及建筑总平面图、建筑平面图、建筑立面图、建筑剖面图、建筑详图等的识读步骤和绘图方法。

能力目标

能够正确识读一套完整的建筑施工图。

任务一　房屋施工图的基本知识

任务目标

(1) 了解房屋的组成以及房屋施工图的设计过程、设计内容。

(2) 熟悉房屋施工图的分类和编制顺序。

(3) 掌握绘制与识读房屋施工图的方法和步骤。

(4) 掌握绘制房屋施工图的有关规定及熟读房屋施工图中的常用符号。

任务分析

在房屋建筑工程中，一栋建筑物从设计、施工、装修到完成都需要一套完整的施工图作为指导，图 3-1-1 为宿舍楼标准层平面图。此图表示有哪些构件？图中符号有什么含义？此图如何绘制？要掌握房屋施工图的识读与绘制，就要学会房屋施工图的相关知识，下面我们学习房屋施工图的内容。

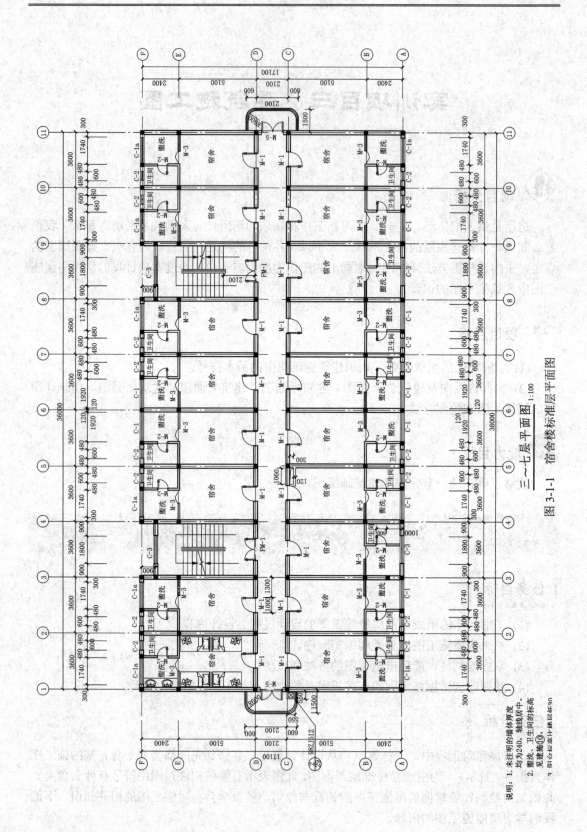

三~七层平面图 1:100

图 3-1-1　宿舍楼标准层平面图

说明：1. 未注明的墙体厚度
　　　均为240，轴线居中。
　　2. 盥洗、卫生间的标高
　　　见建施①。

知识链接

　　房屋建筑类型多样，造型各异，按照建筑的使用功能可将其分为三大类别。民用建筑包括居住建筑和公用建筑，居住建筑一般包括住宅、宿舍等，而公用建筑一般包括学校、医院、体育馆、图书馆、商场等；工业建筑包括工业厂房、仓库等；农业建筑包括畜禽饲养场、水产养殖场等。

一、房屋的组成

　　虽然不同房屋的使用要求、空间组合、外部造型、结构形式及规模大小等方面可能不同，但其基本构造是相似的。图 3-1-2 所示为房屋组成示意图。

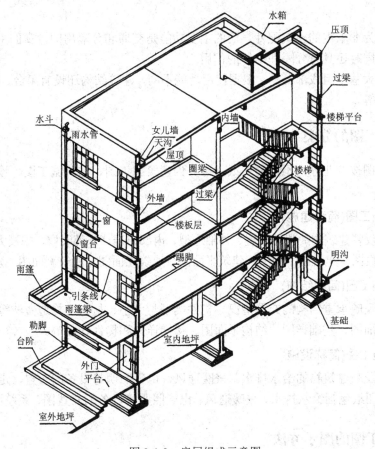

图 3-1-2　房屋组成示意图

　　一般可将房屋看成由以下六个部分组成。

1. 基础

基础位于墙或柱的下部，属于承重构件，将上部荷载传递给地基。

2. 墙、柱

墙体是建筑物的重要组成部分，其主要包括承重墙和非承重墙，主要起围护、分隔空间的作用。墙和柱都是将荷载传递给基础的构件。

3. 楼(地)面

楼面又称为楼板层，是划分房屋内部空间的水平承重构件，具有承重、竖向分隔和水平支撑的作用，并将楼板层上的荷载传递给墙(梁)或柱。

4. 屋面

层面一般是指屋顶部分。屋面是建筑物顶部水平承重构件，同时又是房屋上部围护结构，主要作用是保温隔热和防水排水。它承受着房屋顶部包括自重在内的全部荷载，并将这些荷载传递给墙(梁)或柱。

5. 楼梯

楼梯是各楼层之间垂直交通设施，为上、下楼使用。

6. 门窗

门和窗均为非承重的建筑配件。门的主要功能是交通和分隔房间，窗的主要功能则是通风和采光，同时还具有分隔和维护的作用。

除以上六大基本组成部分外，根据使用功能不同，建筑结构还设有阳台、雨篷、勒脚、明沟、雨水管等。

二、房屋施工图的分类

房屋施工图按专业分为不同的图纸，可分为建筑施工图、结构施工图、设备施工图三部分。

1. 建筑施工图(简称建施)

建施主要反映建筑物的整体布置、外部造型、内部布局、外部装修、规模大小等。其基本图纸包括首页图及建筑总平面图、建筑平面图、建筑立面图、建筑剖面图、建筑详图等。

2. 结构施工图(简称结施)

结施主要反映承重结构的布置情况、构件类型与大小、材料及构造做法等。其基本图纸包括基础平面图、基础详图、结构平面图、楼梯详图和构件详图等。

3. 设备施工图(简称设施)

设施主要反映建筑物的给水排水、采暖通风、电气照明等设备的布置、走向及安装要求等。其基本图纸包括给水排水、采暖通风、电气照明等设备的布置图、系统图和详图等。

三、房屋施工图的图示方法

房屋施工图的绘制应遵守《房屋建筑制图统一标准》(GB/T 50001—2017)、《总图制图标准》(GB/T 50103—2010)及《建筑制图标准》(GB/T 50104—2010)等的有关规定。在绘图和读图时应注意以下几点。

1. 线型

房屋施工图为了使所表达的图形重点突出，主次分明，常使用不同宽度和不同形式的图线，其具体规定可参见《房屋建筑制图统一标准》(GB/T 50001—2017)。

2. 标高

房屋施工图中的标高分为绝对标高和相对标高两种。绝对标高是指任何一地点相对于我国黄海的平均海平面的高差。相对标高是指以建筑物室内首层主要地面高度为零作为标高的起点所计算的标高。

标高符号的画法及标高尺寸的书写方法应按照《房屋建筑制图统一标准》(GB/T 50001—2017)的规定执行。

(1) 标高符号应以直角等腰三角形表示，按如图 3-1-3(a)所示的形式用细实线绘制；当标注位置不够，也可按如图 3-1-3(b)所示的形式绘制。标高符号的具体画法应符合如图3-1-3(c)、(d)所示的规定。

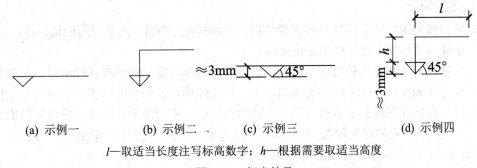

(a) 示例一   (b) 示例二   (c) 示例三   (d) 示例四

l—取适当长度注写标高数字；*h*—根据需要取适当高度

图 3-1-3 标高符号

(2) 总平面图室外地坪标高符号宜用涂黑的三角形表示，具体画法应符合如图 3-1-4所示的规定。

(3) 标高符号的尖端应指至被注高度的位置。尖端宜向下，也可向上。标高数字应注写在标高符号的上侧或下侧，如图 3-1-5 所示。

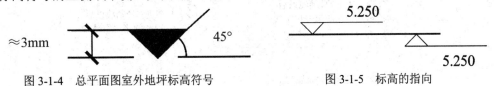

图 3-1-4 总平面图室外地坪标高符号   图 3-1-5 标高的指向

(4) 标高单位以"米"(m)计，注写到小数点后三位。总平面图上注写小数点后第二位。除标高和总平面图上的尺寸以"米"(m)为单位外，在房屋施工图上的其余尺寸均以"毫米"(mm)为单位，故可不在图中注写单位。

(5) 建筑物各部分的高度尺寸可用标高表示。零点标高应注写为"±0.000"，正数标高不注写"+"，负数标高应注写"−"。例如，1.000、−0.005。

(6) 当需要在图样的同一位置表示几个不同标高时，标高数字可按如图 3-1-6 所示的形式注写。

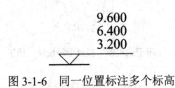

图 3-1-6 同一位置标注多个标高

另外，标高符号还可分为建筑标高和结构标高两类：建筑标高是指将构件粉饰层的厚度包括在内装修完成后的标高；而结构标高不包含粉饰层的厚度，它又称为构件的毛面标高，如图 3-1-7 所示。

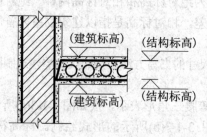

图 3-1-7　建筑标高与结构标高

3. 定位轴线

定位轴线是房屋施工放样时的主要依据。在绘制施工图时，凡是房屋的墙、柱、大梁、屋架等主要承重构件上均应画出定位轴线。

定位轴线应用细单点长画线绘制。为了区别各轴线，定位轴线应标注编号。其编号应写在直径为 8 mm～10 mm 的细实线圆圈内，位于细单点长画线的端部。平面图中定位轴线的编号，宜标注在图的下方和左侧，也可四周标注，横向的定位轴线，应用阿拉伯数字从左向右注写；竖向的定位轴线，应用大写拉丁字母由下向上注写(为避免与 0、1、2 混淆，通常 O、I、Z 三个字母不能用来为轴线编号)。

对于一些次要的承重构件(如非承重墙)，有时也标注定位轴线，但此时的轴线称为附加轴线。附加轴线用分数编号，分母表示前一主轴线的编号，分子以阿拉伯数字表示附加轴线的编号，如图 3-1-8 所示。

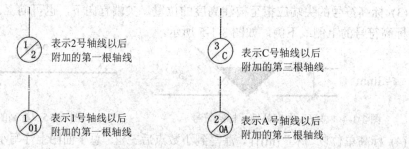

图 3-1-8　附加轴线的编号

对于详图上的轴线编号，若该详图同时适用多根定位轴线，则应同时注明各有关轴线的编号，如图 3-1-9 所示。通用详图的定位轴线只画圆，不注写编号。

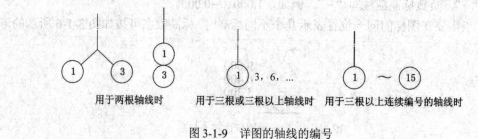

图 3-1-9　详图的轴线的编号

4. 索引符号和详图符号

1) 索引符号

对于图中需要另画详图表示的建筑物的局部或构件，为了读图方便，应在图中的相应位置以索引符号标出，如表 3-1-1 所示。索引符号由两部分组成：一部分用细实线绘制的直径为 8 mm～10 mm 的圆圈，内部以水平直径线分隔；另一部分用细实线绘制的引出线。当索引出的详图与被索引的图在同一张图纸内时，在上半圆中用阿拉伯数字注出该详图的编号，在下半圆中间画出一段水平细实线；当索引出的详图与被索引的图不在同一张图纸内时，则在下半圆中用阿拉伯数字注出该详图所在图纸的编号；当索引出的详图采用标准图时，在圆的水平直径的延长线上加注标准图册的编号；当索引出的详图是局部剖视详图时，应在被剖切的部位绘制剖切位置线，然后再用引出线引出索引符号。引出线所在的一侧表示剖切后的投影方向。

2) 详图符号

详图符号用来表示详图的位置及编号，也可以说是详图的图名，如表 3-1-1 所示。详图符号是用粗实线绘制的直径为 14 mm 的圆。当详图与被索引的图样同在一张图纸内时，应在详图符号内用阿拉伯数字注明详图的编号；当详图与被索引的图样不在同一张图纸内时，应用细实线在详图符号内画一水平直径，在上半圆中注明详图的编号，在下半圆中注明被索引的图纸编号。

表 3-1-1 索引符号与详图符号

索引符号	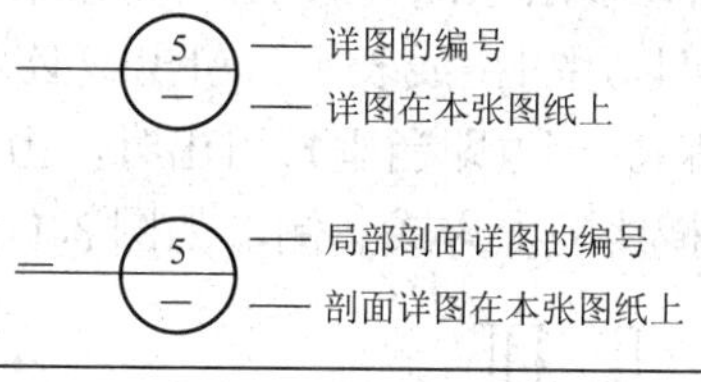 ⑤／— 详图的编号／详图在本张图纸上 —⑤／— 局部剖面详图的编号／剖面详图在本张图纸上	细实线单圆圈直径为 10mm 详图在本张图纸上 剖开后从上往下投影
	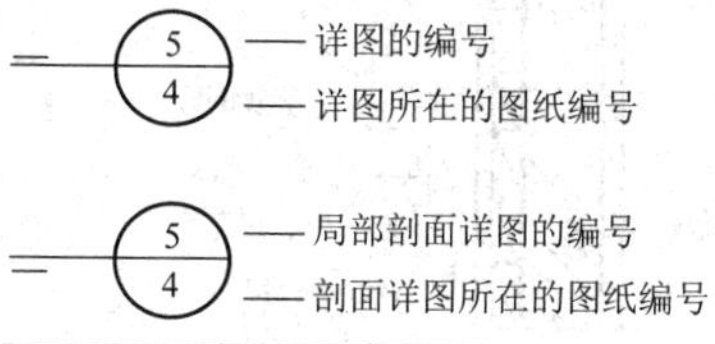 ⑤／④ 详图的编号／详图所在的图纸编号 ⑤／④ 局部剖面详图的编号／剖面详图所在的图纸编号	详图不在本张图纸上 剖开后从下往上投影
	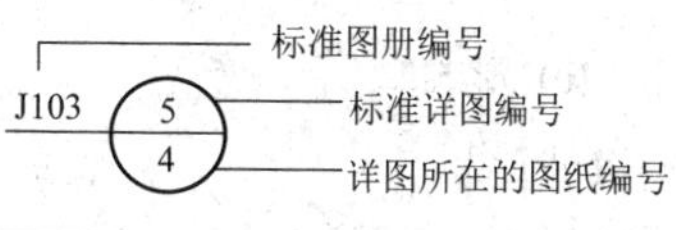 J103 ⑤／④ 标准图册编号／标准详图编号／详图所在的图纸编号	标准详图
详图符号	 ⑤ 详图的编号	粗实线单圆圈直径应为 14mm 被索引的图样在本张图纸上
	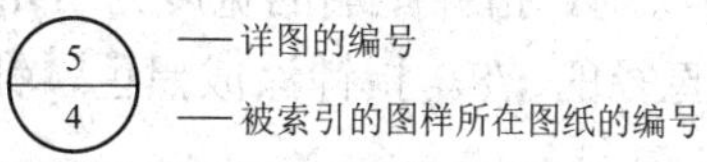 ⑤／④ 详图的编号／被索引的图样所在图纸的编号	被索引的图样不在本张图纸上

5. 引出线

对于图样中某些部位，由于图形比例较小，当其具体内容或要求无法标注时，常用引出线注出文字说明或详图索引符号。

(1) 引出线用细实线绘制,并宜用与水平方向成 30°、45°、60°、90° 的直线或经过上述角度再折为水平的折线,文字说明宜注写在水平线的上方或端部,如图 3-1-10 所示。索引详图的引出线应对准索引符号的圆心。

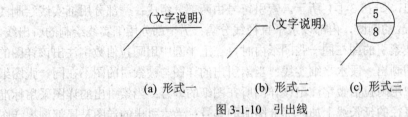

(a) 形式一　　　　(b) 形式二　　　(c) 形式三

图 3-1-10　引出线

(2) 同时引出几个相同部分的引出线,宜相互平行,分别如图 3-1-11(a)、(c)所示,也可画成集中于一点的放射线,如图 3-1-11(b)所示。

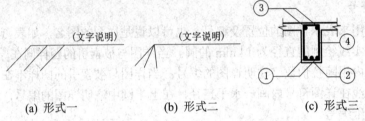

(a) 形式一　　　　　　(b) 形式二　　　　　　(c) 形式三

图 3-1-11　共用引出线

(3) 在房屋建筑中,有些部位是由多层材料或多层做法构成的,如屋面、地面、楼面以及墙体等。为了对多层构造部位加以说明,可以用引出线表示。引出线必须通过需要引出的各层,其文字说明编排次序应与构造层次保持一致(即当垂直引出时,由上而下注写;当水平引出时,从左到右注写),并注写在引出横线的上方或一侧,如图 3-1-12 所示。

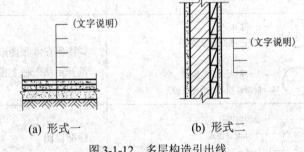

(a) 形式一　　　　　　　　(b) 形式二

图 3-1-12　多层构造引出线

6. 指北针

在总平面图及首层平面图上,一般都画有指北针,以指明建筑物的朝向。指北针如图 3-1-13 所示。圆的直径宜为 24 mm,用细实线绘制。指针尾端的宽度为 3 mm;当需用较大直径绘制指北针时,指针尾部宽度宜为圆的直径的 1/8。指针涂成黑色,针尖指向北方,并注写 "北" 或 "N" 字。

7. 变更云线

图纸中局部变更部分需要采用变更云线,并应注明修改版次,如图 3-1-14 所示(需注意的是,1 为修改次数)。

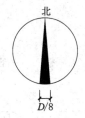

图 3-1-13 指北针

图 3-1-14 变更云线

技能训练

请对图 3-1-15 所示的索引符号进行解释说明。

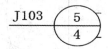

图 3-1-15 示例图

一、实例分析

数字 5 表示详图的编号，数字 4 表示详图所在的图纸编号，J103 表示标准图集编号。

二、实例总结

注意区分圆圈线上数字和线下数字的含义。

思考与拓展

房屋施工图的图纸比例如何选取？应参考什么规范？

任务二 首页图及建筑总平面图

任务目标

(1) 了解首页图的组成。
(2) 熟悉建筑总平面图的形成、图示内容。
(3) 掌握建筑总平面图的识读方法。

任务分析

对于拟建房屋的建筑施工图进行识读，首先要熟悉施工要求和总体布局，这就要求必须识读建筑总平面图，如图 3-2-1 所示。对图形要进行识读就必须掌握必要的基本知识，下面我们学习建筑总平面图相关的知识。

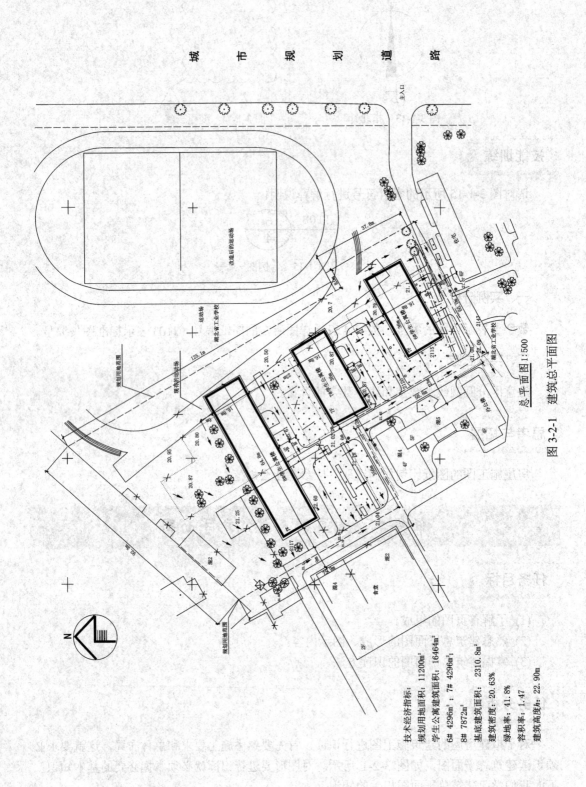

总平面图 1:500

图 3-2-1　建筑总平面图

技术经济指标：
规划用地面积：11200m²
学生公寓建筑面积：16464m²；
6# 4296m²；7# 4296m²；
8# 7872m²
基底建筑面积：2310.8m²
建筑密度：20.63%
绿地率：41.8%
容积率：1.47
建筑高度h：22.90m

知识链接

一、图纸目录

当拿到一套图纸后，首先要查看图纸目录。图纸目录是施工图编排的目录单，按专业分列，通常由序号、图号、图名、图幅、备注等几项组成。图纸目录可以帮助我们了解图纸的总张数、图纸专业类别及每张图纸所表达的内容，使我们可以迅速地找到所需要的图纸。图纸目录有时也称为"首页图"，意思就是第一张图纸。识读一套图纸，应首先查看图纸目录，了解图纸组成。

二、建筑设计总说明

建筑设计说明的内容根据建筑物的复杂程度有多有少，但不论内容多少，应当包含设计依据、项目概况、建筑物标高、装修做法、防火设计、节能设计等内容。

1. 设计依据

设计依据主要包含建设单位与设计单位的设计合同、地质勘察资料，地方政府对该工程的相关批文及国家的相关规范、标准、条例等三方面内容。

2. 项目概况

项目概况主要包括工程名称、建设地点、占地面积和建筑面积、建筑高度、结构形式等内容。占地面积：建筑物底层外墙皮以内所有面积之和。建筑面积：建筑物外墙皮以内各层面积之和。

3. 建筑物标高

在房屋建筑中，规范规定用标高表示建筑物的高度。其有相对标高和绝对标高在建筑设计总说明中要说明相对标高与绝对标高的关系，例如，建筑物首层室内地坪相对标高 ±0.000 相当于绝对标高 302.05 m。

4. 装修做法

装饰装修一般包含内装修和外装修。具体包括地面、楼面、墙面等的做法。我们需要读懂说明中的各种数字、工程术语、符号的含义。

5. 防火设计

防火设计主要包含防火分区、防火设施、安全疏散、防火构造、灭火器配备等内容。

6. 节能设计

节能设计包括外墙、地面、屋面的节能设计。

三、建筑总平面图

建筑总平面图是整个区域由上往下按正投影的原理得到的水平投影图，简称总平面图。它可以表达工程所在的具体位置，房屋建筑的朝向与原有建筑物的位置关系，周边的道路、地形、地貌、标高等内容。

1. 图示内容及读图步骤

总平面图应包括的图示内容及读图步骤如下:

(1) 图名比例、指北针、图例及有关文字说明。总平面图因包括的地方范围大,所以绘制时采用较小的比例,如1:2000、1:1000、1:500等。总平面图中标注的尺寸,一律以"米"(m)为单位。由于总平面图的绘制比例较小,许多物体不能按原状画出,故使用较多的图例符号表示。常用的图例符号如表3-2-1所示。

表 3-2-1　总平面图的图例符号

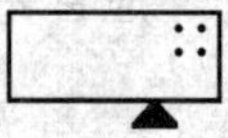	新设计的建筑物,右上角的点数表示层数	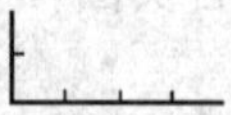	表示砖石、混凝土及金属材料围墙
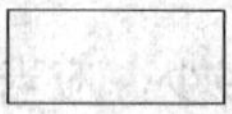	原有的建筑物	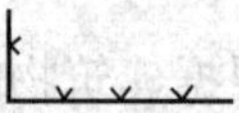	表示镀锌铁丝网、篱笆等围墙
	计划扩建的建筑物或预留地	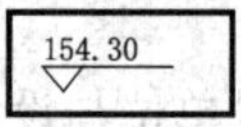 154.30	室内地坪标高
	拆除的建筑物	 ▼142.00	室外地坪标高
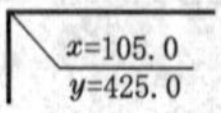 x=105.0 y=425.0	测量坐标		原有的道路
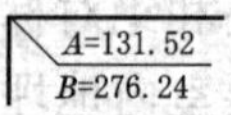 A=131.52 B=276.24	建筑坐标		计划的道路
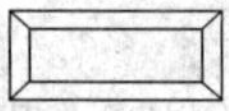	散状材料露天堆场	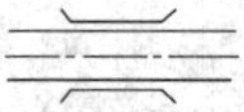	公路桥
	其他材料露天堆场或露天作业场	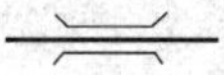	铁路桥
	地下建筑物或构筑场	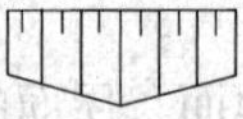	护坡

(2) 用地红线、建筑红线等。

(3) 附近地形(等高线)地貌(如道路、水沟、边坡等)。

(4) 道路交通、绿化系统及管网的平面布局等。

(5) 新建建筑物、原有建筑物的平面布局。

(6) 新建建筑物出入口位置、朝向、层数(用数字或点数表示)、建筑高度。

(7) 新建建筑物位置尺寸，与周边建筑物的位置关系。

(8) 新建建筑物的绝对标高。室外地坪标高、道路绝对标高，室内外高差。

(9) 主要技术经济指标：总用地面积、总建筑面积、建筑基地总面积、道路广场总面积、绿地总面积、容积率、建筑密度、绿地率、停车位等。

2. 专业名词

总平面图包括的主要专业名词如下：

(1) 用地红线：各类建筑工程项目用地的使用权属范围的边界线。

(2) 建筑控制线：有关法规或详细规划确定的建筑物、构筑物的基底位置不得超出的界线。

(3) 建筑密度：在一定范围内，建筑物的基底面积总和与占用地面积的比例(单位为%)。

(4) 建筑容积率：在一定范围内，建筑面积总和与用地面积的比值。

(5) 绿地率：在一定地区内，各类绿地总面积占该地区总面积的比例(单位为%)。

技能训练

总平面图标高表示与平面图标高表示有何区别？

一、实例分析

平面图标高符号应以直角等腰三角形表示，总平面图室外地坪标高符号宜用涂黑的三角形表示，平面图注写到小数点后三位，总平面图上注写小数点后第二位。

二、实例总结

标高的单位都是以"米"(m)计，注意区分平面图标高和总平面图标高注写到小数点位数不同，标高符号表示方法不同。

思考与拓展

建筑坐标与测量坐标有何区别？

任务三 建筑平面图

任务目标

(1) 熟悉建筑平面图的形成方法、作用及图示内容。

(2) 掌握建筑平面图的识读方法以及图样的绘制方法。

任务分析

要识读绘制建筑平面图，就必须学习建筑平面图的形成、图示特点、图示内容、识读的步骤、绘制的方法等。下面我们学习建筑平面图相关的知识。

知识链接

一、建筑平面图的概述

建筑平面图是指用一个假想的水平面在窗台上方将建筑物剖开，移去上部以后，将剖切面以下部分向水平投影面进行正投影得到的图样，如图 3-3-1 所示。

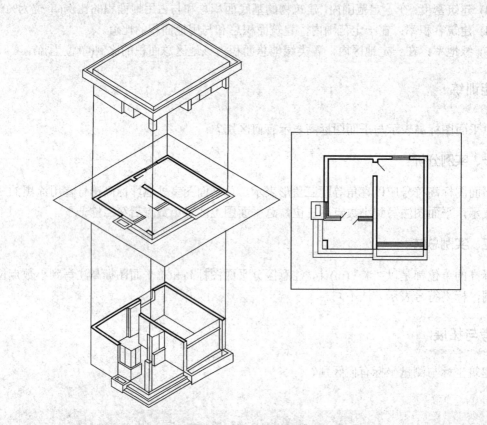

图 3-3-1　建筑平面图的形成

建筑平面图可以表达出房屋的平面形状、大小和房间的布置，墙和柱的位置、厚度以及材料、门窗的安装和位置和开启方向等，同时也是施工中的放线、备料、施工组织及编制概预算的重要依据。

二、建筑平面图的分类

1. 底层平面图

底层平面图又称为首层平面图，它可以表达建筑物底层形状、大小、房间平面的布置情况、入口、门窗、楼梯的平面位置、指北针的朝向、室外台阶、散水等的布置。并标明建筑剖面图的剖切符号位置。

2. 标准层平面图

对于多层或者高层房屋，如果每层房屋的布置不同，则需要绘制出每层的平面图。如果存在多层房屋布置相同的情况，则可以只绘制出一张标准层平面图。

3. 顶层平面图

若屋顶形式为坡屋面，则顶层房屋的楼梯绘制与标准层不同，需单独绘制。若顶层与标准层相同，则不可单独绘制。

4. 屋顶平面图

屋顶平面图是建筑物顶部按俯视方向在水平投影面上所得到的正投影图。其主要表达屋顶的平面布置及排水情况。

三、图示内容及读图步骤

(1) 识读图纸第一步首先识读图名、比例及文字说明。

(2) 识读首层平面图的指北针的方向，从而了解房屋的朝向。

(3) 识读图纸的定位轴线及编号并了解房间的开间、进深及房屋的总长和总宽，对建筑物的布局有初步认识。

(4) 识读图纸墙体、柱、门窗的位置及尺寸以及门的开启方向，识读门窗表。

(5) 识读走廊的位置尺寸，楼梯、电梯的数量及位置。

(6) 识读台阶、散水、阳台、雨篷、预留孔洞、变形缝等建筑构造部件。

(7) 识读房间名称、房间的内部布局，卫生器具、水池、橱柜、隔断等建筑设备、固定家具的布置等。

(8) 识读尺寸，三道尺寸标注，包括外包总尺寸、轴线定位尺寸及门窗洞口尺寸，注意识读局部细节尺寸。

(9) 识读室外标高，各平面图房间、厕所、厨房、阳台标高标注。

(10) 识读首层平面中的剖切符号位置及数量。

(11) 识读索引符号。

(12) 屋顶平面中女儿墙、檐沟，上人孔、屋顶和檐沟的排水坡度、坡向，雨水口的位置，突出屋面的楼梯间和构筑物等。

四、建筑平面图的绘制步骤

(1) 准备绘图工具及用品。

(2) 选定比例定图幅、画图框和标题栏。

(3) 进行图面布置，用铅笔画出定位轴线，并按规定的顺序进行编号。

(4) 画出墙身轮廓线、柱子、门窗洞口等各种建筑构配件。

此时应特别注意构件的中心是否与定位轴线重合。在画墙身轮廓线时，应从轴线处分别向两边量取，由定位轴线定出门窗的位置，然后按表 3-3-1 所示的规定画出门窗图例，若表示的是高窗、通气孔、槽等不可见的部分，则应以虚线绘制。

表 3-3-1　建筑构造及配件的常用图例

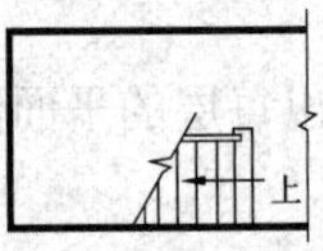	底层楼梯	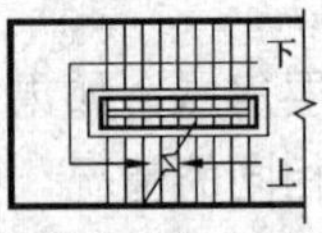	中间层楼梯
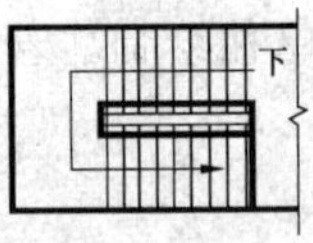	顶层楼梯	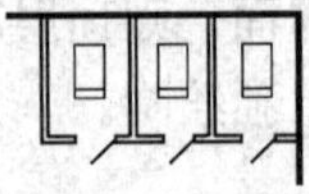	厕所(卫生间)
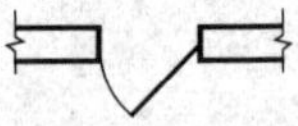	单扇门	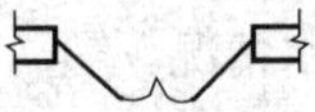	双扇门
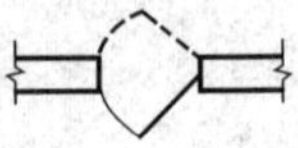	单扇双面弹簧门		对开折叠门
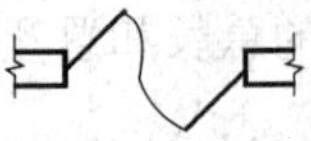	双扇双面弹簧门		空门洞
	孔洞		坑槽
	检查口 左侧为可见检查口 右侧为不可见检查口	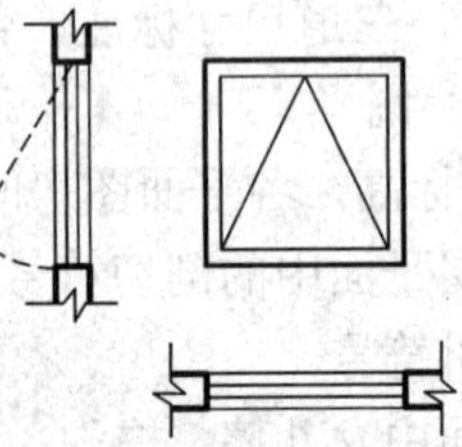	
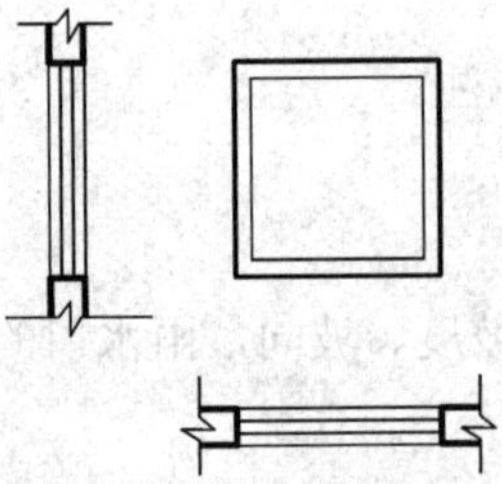	固定窗		上悬窗
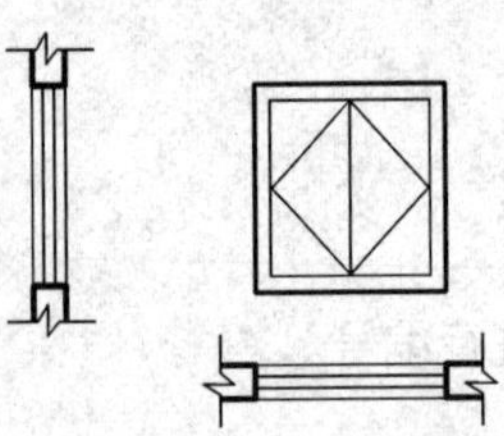	单层外开平开窗	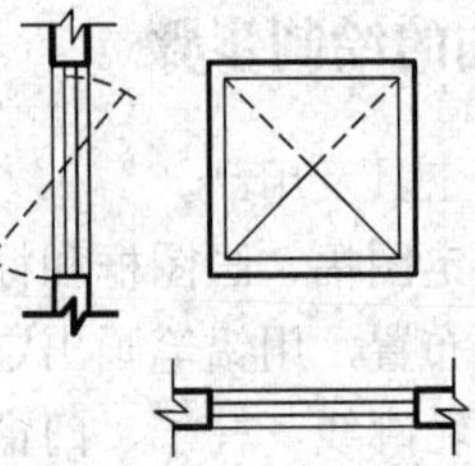	中悬窗
	栏杆		玻璃幕墙

(5) 画其他构配件的轮廓。绘制台阶、坡道、散水、楼梯、平台等。

以上步骤用较硬的铅笔(H 或 2H 铅笔)轻画，检查全图无误后，擦去多余线条，按建筑平面图的要求加深加粗(用较软的 B 或 2B 铅笔绘制)。

(6) 标注尺寸、注写定位轴线编号、标高、剖切符号、索引符号、门窗代号及图名比例和文字说明等内容，汉字写长仿宋体字，图名字号一般为 7~10 号，图内说明字号一般为 5 号，尺寸数字字号通常为 3.5 号，字形要工整、清晰不潦草，一般用 HB 的铅笔。

(7) 校核，图完成后需仔细校核，及时更正，尽量做到准确无误。

线型要求：剖到的墙轮廓线，画粗实线；看到的台阶、楼梯、窗台、雨篷、门扇等，画中粗实线；楼梯扶手、楼梯上下引导线、窗扇等，画细实线，定位轴线用细单点长线画线。

以上只是绘制建筑平面图的大致步骤，在实际操作时，可按房屋的具体情况和绘图者的习惯加以改变。

技能训练

建筑物的首层平面图可以反映哪些内容？

一、实例分析

首层平面图可以反映出该建筑物底层的平面形状，各房间的平面布置情况，出入口、走廊、楼梯的位置以及各种门、窗的布置等。底层平面图还可以反映室外可见的台阶、散水(或明沟)、花台、花池及标高等。对于房屋的楼梯，由于底层平面图是底层窗台上方的一个水平剖面图，因此只画出第一个梯段的下半部分楼梯，并按规定用倾斜折断线断开。

二、实例总结

首层平面图应标注室内外高差；室内标高一般为±0.000，为相对标高。

思考与拓展

建筑物的中间层平面图及屋顶平面图可以反映哪些内容？

任务四　建筑立面图

任务目标

(1) 熟悉建筑立面图的内容、图示方法。

(2) 掌握建筑立面图的识图方法以及图样的绘制方法。

任务分析

对于建筑立面图，如何对其进行阅读呢？要读懂建筑立面图，需熟悉立面图图示建筑物的内容，立面图有哪些规定、如何标注？要解决这一学习任务，必须掌握建筑立面图的基本规定。下面我们就相关知识进行具体的学习。

知识链接

一、建筑立面图的概述

建筑立面图是在与建筑物立面平行的投影面上所作的正投影图，如图 3-4-1 所示。建筑立面图是工程师表达立面设计效果的重要图纸，它主要反映房屋的外貌和立面装修的做法，在施工中作为工程概预算及备料的依据。

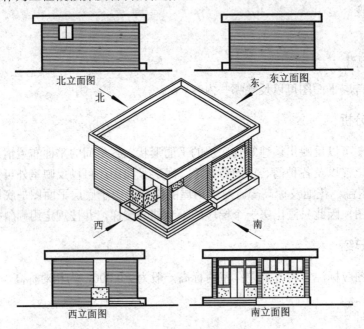

图 3-4-1　建筑立面图的形成

二、建筑立面图的命名

1. 按立面的主次命名

通常规定，房屋主要入口或反映建筑物外貌主要特征所在的面称为正面。当观察者面向房屋的正面站立时，从前向后所得的正投影图是正立面图；从后向前的则是背立面图；从左向右的称为左侧立面图；而从右向左的则称为右侧立面图。

2. 按房屋的朝向命名

建筑物朝向比较明显的，也可按房屋的朝向来命名立面图。通常规定，建筑物立面朝南面的立面图称为南立面图，同理还有北立面图、西立面图和东立面图。

3. 按轴线编号命名

根据建筑物平面图两端的轴线编号命名，如①～④、A～P 立面图。

三、图示内容及读图步骤

(1) 识读图名和比例，从图名中可以知道是哪个方位的立面图，如附图 6 中的①～⑥立面图，我们可知是正立面图。建筑立面图的比例视建筑物的大小和复杂程度选定，通常采用与建筑平面图相同的比例，常用的比例为 1∶50、1∶100、1∶200 等。

(2) 通过识读轴线及编号，明确建筑立面的投影方向，并与建筑平面图对照。

(3) 区分图线，为了使立面图中的主次轮廓线层次分明，增强图面效果，让识图者一目了然，因此在立面图中采用不同的线型。室外地坪线用特粗线表示；房屋的外轮廓线用粗实线表示；房屋的构配件，如门窗洞口、窗台、窗套、台阶、花台、阳台、雨篷、遮阳板、檐口、烟道、通风道均用中实线表示；某些细部轮廓线，如门窗格子、阳台栏板、装饰线脚、墙面分隔线、雨水管、勒脚及有关说明的引出线、尺寸线、尺寸界线和标高、文字说明均用细实线表示。

(4) 通过识读立面外轮廓以了解建筑立面总体造型，识读室外地坪线、门窗、台阶、阳台、雨篷等主要建筑构造部件。

(5) 识读尺寸标注，立面图中应标注出建筑物的总高度、各楼层高度、室内与室外地坪标高以及台阶、窗台、门窗上口、阳台、雨篷、檐口、屋顶、烟道、通风道、烟囱等的标高。在立面图中注写标高时，除门窗洞口外都不包括粉刷层，通常标注在构件的上顶面，如女儿墙顶面和阳台栏杆顶面等，用建筑标高即完成面标高；而在标注构件下底面，如阳台底面、雨篷底面等，则用结构标高，也就是注写不包括粉刷层的毛面标高。

(6) 识读文字注解或详图索引符号，识读立面装饰做法，并结合建筑设计总说明的工程构造做法要求，明确外立面装饰材料、颜色、做法。

四、建筑立面图的绘制步骤

(1) 选定比例和图幅。在建筑立面图绘制时，比例和图幅的选定同建筑平面图的绘制。

(2) 画底稿线：

① 画出室外地坪线、各层楼面线、定位轴线、房屋的外轮廓线和屋顶线。

② 从楼面线、地坪线出发，量取高度方向的尺寸，从各定位轴线出发，量取长度方向的尺寸，画出凹凸墙面、门窗洞和其他较大的建筑构配件的轮廓，如阳台、檐口、雨篷、遮阳板、烟道及通风道等。

③ 画出各细部的底稿线，并画出和标注尺寸、符号、编号、说明等，在注写标高尺寸时，标高符号宜尽量排列在一条铅垂线上，标高数字的小数点也都按铅垂方向对齐。

(3) 加深或上墨：

① 室外地坪线宜画成线宽为 $1.4b$ 的加粗实线。

② 建筑立面图的外轮廓线用粗实线 b 表示，注意水箱属于建筑物的附属物，不作为建筑物的轮廓线。

③ 在房屋外轮廓线之内的凹进或凸出墙面的轮廓线，门窗洞口、窗台，应画单线的阳台栏杆及伸出女儿墙外轮廓线的水箱、台阶、雨篷等，用中实线 $0.5b$ 表示。

④ 标注尺寸、标高用细实线 $0.25b$ 表示及注写文字说明。

(4) 校核。建筑立面图在完成后需仔细进行校核，及时更正，尽量做到准确无误。

技能训练

建筑立面图的尺寸标注有何要求？

一、实例分析

建筑立面图在竖直方向标注三道尺寸：里面一道尺寸应标注出室内外高差、门窗洞口高度、垂直方向窗间墙、窗下墙高、檐口高度尺寸；中间一道尺寸标注层高尺寸；外边一道尺寸为总高尺寸。

二、实例总结

建筑立面图除了进行三道尺寸标注外，一般还应在室外与室内地坪、各层楼面、屋顶、檐口、窗台、窗顶、雨篷底、阳台面等处注写标高。

思考与拓展

建筑高度应该如何计算？

任务五　建筑剖面图与建筑详图

任务目标

(1) 熟悉建筑剖面图、建筑详图的内容、图示方法。
(2) 掌握建筑剖面图、建筑详图的识读方法以及图样的绘制方法。

任务分析

建筑剖面图、建筑详图应如何阅读和绘制？要读懂建筑剖面图，需清楚建筑剖面图都反映建筑物的哪些结构，又是如何规定和标注的。要完成这一学习任务，必须掌握建筑剖面图的基本规定。下面我们就相关知识进行具体的学习。

知识链接

一、建筑剖面图的概述

建筑剖面图是指假想用一个或多个垂直于外墙轴线的铅垂剖切平面将建筑物剖开，移去观察者与剖切面之间的部分，对留下部分作正投影图。

建筑剖面图主要用来表达房屋内部垂直方向的高度、楼层分层情况及简要的结构形式和构造方式。它与建筑平面图、立面图相配合，是施工、概预算及备料的重要依据，是建筑施工中不可缺少的重要图样之一。

二、建筑剖面图的命名

建筑剖面图的图名应与首层平面图上标注的剖切符号编号一致，如1—1剖面图、2—2剖面图等。

三、建筑剖面图的图示内容及识读步骤

(1) 识读图名及比例。从图名可知该剖面图与首层平面图剖切符号编号相对应，剖面图的绘制比例与平面图、立面图相同，常用的有1：50、1：100、1：200三种。

(2) 对剖切位置与数量的选择。识读剖面图，观察剖切线在首层平面图的位置，一般剖切线应选择在房屋内部构造比较复杂、有代表性的部位，如门窗洞口和楼梯间等位置，剖切平面一般为横向，即平行于侧面，必要时也可为纵向，即平行于正面。剖面图的数量应根据房屋的复杂程度和施工实际需要而定。

(3) 识读定位轴线。剖面图的定位轴线一般只画剖切到的墙体定位轴线及其编号，以便与平面图对照。

(4) 识读建筑物的结构形式。根据剖面图上的材料图例可以看出，该建筑物的楼板、屋面板、各种梁、楼梯、雨篷等水平承重构件的制作材料，墙体砌筑材料类型以及建筑物的结构形式。

(5) 识读建筑物标高及尺寸标注。在建筑剖面图中，必须标注垂直尺寸和标高；外墙的高度尺寸一般标注三道：最外侧一道为室外地面以上的总高尺寸；中间一道为层高尺寸；里面一道为门、窗洞及窗间墙的高度尺寸。此外，还应标注某些局部尺寸，如室内门窗洞、窗台的高度及有一些不另画详图的构配件尺寸等。

识读剖切到的墙体、门窗，并结合轴线之间的尺寸、高度方向的细尺寸和标高、建筑平面图，明确其定位；识读室外地坪标高、室内地坪标高、楼层标高、屋顶标高、女儿墙标高等主要部位标高；识读剖切到的台阶、雨篷等，并结合标注的尺寸和标高，明确其定位。

(6) 识读楼、地面各层构造做法，了解屋面、楼面、地面的构造层次及做法。在剖面图中，常用多层构造引出线和文字注出屋面、楼面、地面的构造层次及各层的材料、厚度和做法。

(7) 识读详图索引符号。在剖面图上有时还需表示画详图之处的索引符号。

四、建筑剖面图的绘制步骤

(1) 画定位轴线、室内与室外地坪线(用加粗实线1.4b表示)、各层楼面线和顶棚线(用粗实线b表示)，并画墙身。

(2) 定门窗和楼梯位置，画细部(用中实线0.5b表示)，例如门窗洞、楼梯、梁板、雨篷、檐口、屋面、台阶等。

(3) 经检查无误后，擦去多余线条，按施工图要求加深图线。

(4) 画材料图例，注写标高、尺寸(用细实线 $0.25b$ 表示)、图名、比例及有关的文字说明。

五、建筑详图的概述

将建筑物的细部构造层次、尺寸、材料、做法等用较大的比例(1：50～1：5)详细画出图样称为建筑详图，简称详图。

建筑详图具有用较大比例表示细部的构造、尺寸标注齐全、文字说明详尽的特点，它是建筑细部的施工图，是对建筑平面图、立面图、剖面图等基本图样的深化和补充，它是建筑工程细部施工、建筑构配件制作及编制预算的依据。

六、建筑详图的种类

建筑详图可分为节点构造详图和构配件详图两类。凡表达房屋某一局部构造做法和材料组成的详图称为节点构造详图(如檐口、窗台、勒脚、明沟等)。凡表明构配件本身构造的详图，称为构件详图或配件详图(如门、窗、楼梯、花格、雨水管等)。

七、建筑详图的内容

一幢房屋施工图通常需绘制几种详图，即楼梯、电梯等详图；室内的卫生间、盥洗间、厨房等详图；室外的台阶、散水、阳台、女儿墙等详图。各详图的主要内容有：

(1) 图名(或详图符号)、比例。

(2) 表达出构配件各部分的构造连接方法及相对位置关系。

(3) 表达出各部位、各细部的详细尺寸。

(4) 详细表达构配件或节点所用的各种材料及其规格。

(5) 有关施工要求、构造层次及制作方法说明等。

下面主要介绍楼梯详图以及卫生间、厨房详图的相关内容。

1. 楼梯详图

楼梯是多层房屋垂直方向的主要交通设施，应满足行走方便、人流疏散畅通，有足够的坚固耐久性的要求，目前多采用预制或现浇钢筋混凝土楼梯。楼梯由梯段(包括踏步和斜梁)、平台(包括平台板和平台梁)和栏板(或栏杆)等部分组成。

楼梯的构造比较复杂，一般需另画详图，以表示楼梯的类型、结构形式、各部位尺寸及装修做法，是楼梯施工放样的主要依据。楼梯详图一般包括楼梯平面图、剖面图及踏步、栏杆、扶手等处的节点详图。这些详图应尽可能画在同一张图纸内。平面、剖面详图比例要一致(如 1：20、1：30、1：50)，以便对照阅读。踏步、栏杆、扶手详图比例要大一些(如 1：5 或 1：10)，以便更详细、清楚地表达该部分构造情况。

2. 楼梯详图的内容及识读步骤

(1) 楼梯平面图。其是楼梯某位置上的一个水平剖面图。它的剖切位置与建筑平面图的剖切位置相同。楼梯平面图主要反映楼梯的外观、结构形式、楼梯中的平面尺寸及楼层和休息平台的标高等。

在一般情况下，楼梯平面图应绘制三张，即楼梯首层平面图、中间层平面图(当梯段从第二层至顶层楼梯平面无变化时)和顶层平面图。

首层平面图的剖切位置在第一跑梯段上，因此在首层平面图中只画半个梯段，梯段断开处画 45° 折断线，如图 3-5-1 所示。中间层平面图的剖切位置在某楼层向上的梯段上，所以在中间层平面图上既有向上的梯段，又有向下的梯段，在向上梯段断开处画 45° 折断线，如图 3-5-2 所示。顶层平面图的剖切位置在顶层楼层平台一定高度处，没有剖切到楼梯段，因而在顶层平面图中只有向下梯段，而没有折断线，如图 3-5-3 所示。

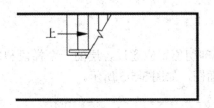

图 3-5-1　楼梯首层平面图

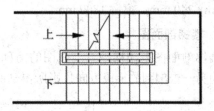

图 3-5-2　楼梯中间层平面图

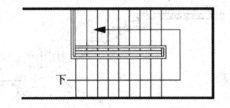

图 3-5-3　楼梯顶层平面图

(2) 楼梯标准层平面图如图 3-5-4 所示。

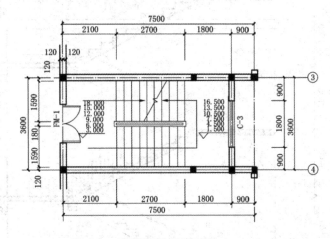

图 3-5-4　楼梯标准层平面图（1∶50）

楼梯标准层平面图的识读步骤如下：

① 识读图名及比例，该图为楼梯中间层平面图，比例为 1∶50。

② 了解楼梯在建筑平面图中的位置及有关轴线的布置，对照首层平面图，此楼梯位于横向③～④轴位置。

③ 了解楼梯的平面形式和踏步尺寸，该楼梯间平面为矩形，其开间尺寸为 3600 mm，进深尺寸为 6600 mm，楼层平台宽 2100 mm，中间休息平台宽 1800 mm，梯井宽 180 mm，

梯段宽 1590 mm，踏步宽度可推算出为 300 mm。各层平面图上梯段处所画的每一分格，表示一级踏面，由于梯段的踏步最后一级踏面与平台上面或楼面重合，因此平面图中梯段踏面投影数总是比梯段的步级数少 1，梯段的踏步分格为 9，表示该梯段实际踏步数为 10(9 + 1) 步，每层两个梯段共 20 级踏步。

④ 了解楼梯间楼层平台、休息平台的标高。由标高标注可知，楼梯中间层包括了从二至七层楼梯楼层平台、休息平台的标高，并且每层层高均为 3 m。

⑤ 了解楼梯间墙、柱、门、窗的平面位置、编号和尺寸；墙厚 240 mm，柱子尺寸为 240 mm× 240 mm，窗宽 1800 mm。

3. 楼梯剖面图

楼梯剖面图是楼梯垂直剖面图的简称，其剖切位置应通过各层的一个梯段和门窗洞口，向另一未剖到的梯段方向投影所得到的剖面图，如图 3-5-5 所示。

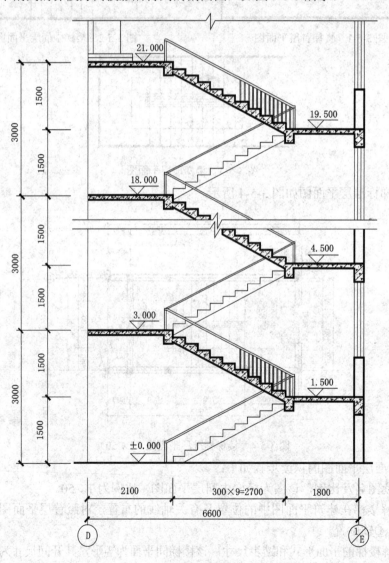

图 3-5-5　楼梯剖面图(1∶30)

楼梯剖面图主要表达楼梯的梯段数、踏步数、类型及结构形式，表示各梯段、平台、栏杆等的构造及它们的相互关系。一般来说，若楼梯间屋面没有特殊之处，可用折断线断开，不必全部画出。在多层房屋中，若中间各层的楼梯构造相同时，剖面图可只画出首层、中间层和顶层，中间层用折断线分开。

楼梯剖面图中应注明地面、楼面、平台面等处的标高，还应注出梯段、栏杆的高度尺寸及窗洞、窗间墙等处的细部尺寸。

4. 楼梯节点详图

楼梯节点详图一般包括踏步、扶手、栏杆详图和梯段与平台处的节点构造详图。依据所画内容的不同，详图可采用不同的比例，以反映它们的断面形式、细部尺寸、所用材料、构件连接及面层装修做法等，如图 3-5-6 所示。

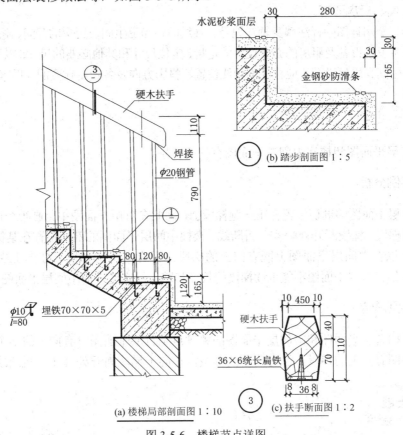

图 3-5-6 楼梯节点详图

5. 楼梯平面图的绘制步骤

(1) 先定轴线，根据楼梯开间和进深尺寸绘制墙身轴线、墙厚、门窗洞口位置。

(2) 绘制梯段的长度和平台宽度、梯段宽度、楼梯井的宽度。

(3) 用等分平行线间距的方法分楼梯踏步，然后画出踏面。

(4) 画细部，标注尺寸。绘制楼梯的上下方向及踏步数、楼层标高和平台标高，标注平面图中的尺寸。

(5) 经核对无误后，根据规定描深图线，注写图名、比例等。

6. 卫生间、厨房详图

卫生间、厨房详图主要表达卫生间和厨房内各种设备的位置、形状及大小等。卫生间、厨房详图有平面详图、全剖面详图、局部剖面详图、设备详图、断面图详图等。其中，平面详图是必要的，其他详图根据具体情况选取采用，只要能将所有情况表达清楚即可。卫生间、厨房详图是将建筑平面图中的卫生间、厨房用较大比例，如1∶50、1∶40、1∶30等，把卫生设备(器具)及厨房的必要设备一并详细画出的平面图。它表达出各种卫生设备及厨房的必要设备在卫生间及厨房内的布置、形状和大小。

卫生间、厨房详图的线型与建筑平面图相同，各种设备可见的投影线用细实线表示，必要的不可见线用细虚线表示。当比例不大于1∶50时，其设备按图例表示。当比例大于1∶50时，其设备应按实际情况绘制。若各层的卫生间、厨房布置完全相同，则只画其中一层的卫生间、厨房即可。

卫生间、厨房详图除标注墙身轴线编号、轴线间距和卫生间及厨房的开间、进深尺寸外，还要标注出各卫生设备及厨房的必要设备的定量、定位尺寸和其他必要的尺寸，以及各地面的标高等。卫生间、厨房详图还应标注剖切线位置、投影方向及各设备详图的详图索引标志等。

技能训练

楼梯首层平面图和楼梯中间层平面图有什么区别？

一、实例分析

楼梯首层平面图的剖切位置在第一跑梯段上，因此在首层平面图中只画半个梯段，并且只有向上的梯段，梯段断开处画45°折断线。楼梯中间层平面图的剖切位置在某楼层向上的梯段上，所以在中间层平面图上既有向上的梯段，又有向下的梯段，在向上梯段断开处画45°折断线。首层平面图不能识读梯段的长度和踏步的宽度，而中间层平面图可以识读。

二、实例总结

区分楼梯首层平面图和中间层平面图的关键点是首层平面图只有向上的半个梯段，而中间层平面图有向上的梯段，又有向下的梯段，在向上梯段断开处画45°折断线。

思考与拓展

楼梯顶层平面图和楼梯中间层平面图有什么区别？

项 目 小 结

本项目重点介绍了首页图及建筑总平面图、建筑平面图、建筑立面图、建筑剖面图、建筑详图的图示方法、尺寸标注，建筑配件和建筑节点的构造、材料和做法，建议教师利用BIM建模软件(如Revit)展示一套完整的建筑模型，并组织学习者仔细阅读，增强对建筑施工图的理解。

实训项目四　结构施工图

 项目分析

在房屋设计中，除了建筑设计满足功能要求外、还需要进行结构设计满足房屋的可靠度要求。结构设计是根据建筑功能等方面的要求，经过结构计算，确定承重构件的形状、尺寸、材料以及构件布置情况等，结构施工图是各类施工、编制施工组织设计以及工程预决算的主要技术依据，为了能正确识读和绘制结构施工图，现在我们学习结构施工图的相关知识。

 项目目标

(1) 知晓房屋中结构的作用和其组成部分。
(2) 掌握结构设计说明、结构平面布置图、构件详图等的识读步骤和绘图方法。

🔍 能力目标

能够正确识读一套完整的结构施工图。

任务一　结构施工图的一般规定

任务目标

(1) 掌握钢筋混凝土结构的基本知识。
(2) 掌握结构施工图的一般规定。

任务分析

我们认识了建筑的基本组成部分，那么房屋结构又有哪些呢？我们怎么认识呢？通过本任务的学习，能够了解结构的组成部分和基本施工图中的基本规定。

知识链接

在一栋建筑物中，门、窗、幕墙等称为建筑配件，这些配件主要用于满足适用性要求；梁、柱、墙、板、基础等称为结构构件(简称结构或构件)，这些构件主要用于承受荷载、传递荷载，满足安全性要求。结构施工图是表达房屋承重构件(如基础、梁、板、柱及其他构件)的布置、形状、大小、材料、构造及其相互关系的图样，主要作为施工放线，开挖基槽，支模板，绑扎钢筋，设置预埋件，浇捣混凝土，安装梁、板、柱等构件及编制预算和施工组织设计等的依据。因此在房屋的设计中，必须要进行结构设计，绘制出详细的结构施工图。

一、概述

1. 建筑结构形式

(1) 建筑结构按结构可分为砖混结构、框架结构、剪力墙结构、筒体结构、框架-抗震墙结构、框筒结构等。

(2) 建筑结构按建筑材料可分为钢筋混凝土结构、木结构、钢结构以及组合结构。

2. 结构施工图的内容

1) 结构设计说明

结构设计说明是带全局性的文字说明，它包括选用材料的类型、规格、强度等级，地基情况，施工注意事项，选用标准图集等。

2) 结构平面布置图

结构平面布置图是表示房屋中各承重构件总体平面布置的图样。它包括基础平面图、楼层结构平面图和屋盖结构平面图。

3) 构件详图

构件详图包括梁、柱、板及基础详图，楼梯详图，屋架详图以及其他详图(如天窗、雨篷、过梁等)。

二、结构施工图中的有关规定

房屋建筑是由多种材料组成的结合体，目前房屋结构中采用较普遍的是混合结构和钢筋混凝土结构。由于房屋结构中的构件繁多，布置复杂，为了图示简明，方便识图，国家《建筑结构制图标准》对结构施工图的绘制有明确的规定。以下是有关规定的介绍。

1. 常用构件代号

常用构件代号用各构件名称汉语拼音的第一个字母表示，如表4-1-1所示。

表 4-1-1 常用构件代号

序号	名称	代号	序号	名称	代号	序号	名称	代号
1	板	B	8	屋面梁	WL	15	框架梁	KL
2	屋面板	WB	9	吊车梁	DL	16	屋架	WJ
3	空心板	KB	10	圈梁	QL	17	框架	KJ
4	槽形板	CB	11	过梁	GL	18	刚架	GJ
5	楼梯板	TB	12	连系梁	LL	19	支架	ZJ
6	盖板	GB	13	基础梁	JL	20	基础	J
7	梁	L	14	楼梯梁	TL	21	柱	Z

序号	名称	代号	序号	名称	代号	序号	名称	代号
22	框架柱	KZ	25	挡土墙	DQ	28	雨篷	YP
23	构造柱	GZ	26	地沟	DG	29	阳台	YT
24	桩	ZH	27	梯	T	30	预埋件	M

注：① 预制钢筋混凝土构件、现浇钢筋混凝土构件、钢构件和木构件，一般可直接采用本表中的构件代号。在绘图中，当需要区别上述构件的材料种类时，可在构件代号前加注材料代号，并在图纸中加以说明。

② 预应力钢筋混凝土构件的代号，应在构件代号前加注"Y-"，如 Y-DL 表示预应力钢筋混凝土吊车梁。

2. 图线的选用

每个图样应根据复杂程度和比例大小，先选用适当的线型，再选用相应的线宽。对于建筑结构专业制图，应按表 4-1-2 所示的规定选择图线。

表 4-1-2　结构施工图中线的规定

名称		线型	线宽	用　途
实线	粗	———————	b	螺栓、主钢筋线、结构平面图中带单线结构构件线、钢(木)支撑及系杆线、图名下划线、剖切线
	中	———————	$0.5b$	结构平面图及详图中剖到或可见的墙身轮廓线、基础轮廓线、钢(木)结构轮廓线、箍筋线、板筋线
	细	———————	$0.25b$	可见的钢筋混凝土构件的轮廓线、尺寸线、标注引线、标高符号、索引符号
虚线	粗	- - - - -	b	不可见的钢筋、螺栓线，结构平面图中不可见的单线结构构件线及钢(木)结构支撑线
	中	- - - - - -	$0.5b$	结构平面图中的不可见构件、墙身轮廓线及钢(木)结构构件轮廓线
	细	- - - - - -	$0.25b$	基础平面图中管沟轮廓线、不可见的钢筋混凝土构件轮廓线
单点长画线	粗	—— · —— · ——	b	柱间支撑、垂直支撑、设备基础轴线图中的中心线
	细	—— · —— · ——	$0.25b$	定位轴线、对称线、中心线
双点长画线	粗	—— · · —— · · ——	b	预应力钢筋线
	细	—— · · —— · · ——	$0.25b$	原有结构轮廓线
折断线		⌇	$0.25b$	断开界线
波浪线		∿∿∿	$0.25b$	断开界线

3. 比例

在绘制结构施工图时，根据图样的用途和被绘物体的复杂程度，若构件的纵、横向断面尺寸相差悬殊，在同一详图中可在纵、横向选用不同的比例。轴线尺寸与构件尺寸也可以选用不同的比例绘制，参照表 4-1-3 所示的常用比例。

表 4-1-3　常用比例

图　名	比　例
结构平面图	1∶50、1∶100、1∶150、1∶200
基础平面图	1∶50、1∶100、1∶150、1∶200
构件详图	1∶5、1∶10、1∶20、1∶30

三、钢筋混凝土的基本知识

(一) 钢筋

1. 钢筋的名称

配置在混凝土中的钢筋，按其作用和位置可分为以下几种，如图 4-1-1 所示。

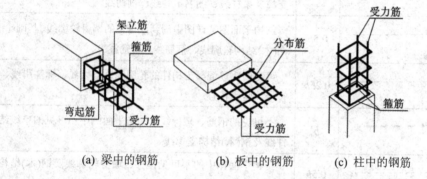

(a) 梁中的钢筋　　　　(b) 板中的钢筋　　　　(c) 柱中的钢筋

图 4-1-1　钢筋在构件中的作用

(1) 受力筋是根据计算确定的主要受力钢筋。钢筋配置在受压区时叫做受压钢筋。受力筋分直筋和弯起筋两种。

(2) 箍筋用于梁柱，主要承受剪力或扭力作用，并对纵向钢筋定位，使之形成钢筋骨架。

(3) 架立筋在梁内与受力筋、箍筋一起共同形成钢筋骨架。

(4) 分布筋用于板内，其方向与板内受力筋垂直，并固定受力筋的位置。

(5) 因构造和施工的需要在构件内设置的钢筋称为构造筋，如预埋锚固筋、腰筋、吊环等。

2. 钢筋的强度

在钢筋混凝土中常用的是热轧钢筋。普通钢筋按强度可分为四级：HPB300，其屈服强度标准值为 300 MPa；HRB335、HRBF335，其屈服强度标准值为 335 MPa；HRB400、HRBF400、RRB400，其屈服强度标准值为 400 MPa；HRB500、HRBF500，其屈服强度标准值为 500 MPa。

钢筋的强度标准值应具有不小于95%的保证率。各种钢筋的强度如下：

(1) 纵向受力普通钢筋宜采用 HRB400、HRB500、HRBF400、HRBF500 钢筋，也可采用 HRB335、HRBF335、HPB300、RRB400 钢筋；但 RRB400 钢筋不宜作为重要部位的受力钢筋，不能用于直接承受疲劳荷载的构件。

(2) 箍筋宜采用 HRB400、HRBF400、HPB300、HRB500、HRBF500 钢筋，也可采用 HRB335、HRBF335 钢筋。

(3) 预应力筋宜采用预应力钢丝、钢绞线和预应力螺纹钢筋。

在《混凝土结构设计规范》(GB 50010—2010)中，对国产建筑用钢筋，按其产品种类、等级不同分别给予不同代号，以便标注及识别，如表 4-1-4 所示。

表 4-1-4 钢筋种类代号与强度标准值

牌 号	符 号	公称直径/mm	屈服强度标准值 f_{yk} / (N/mm^2)	极限强度标准值 f_{stk} / (N/mm^2)
HPB300	Φ	6～22	300	420
HRB335 HRBF335	Φ Φ^F	6～50	335	455
HRB400 HRBF400 RRB400	Φ Φ^F Φ^R	6～50	400	540
HRB500 HRBF500	Φ Φ^F	6～50	500	630

3. 钢筋的标注

钢筋的直径、根数及相邻钢筋中心距在图样上一般采用引出线方式标注，其标注形式有以下两种：

(1) 标注钢筋的根数和直径(如梁内受力筋和架立筋)：

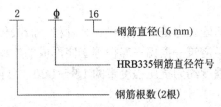

(2) 标注钢筋的直径和相邻钢筋中心距(如梁内箍筋和板内钢筋)：

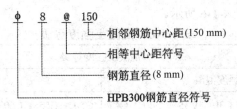

4. 钢筋图例

常用钢筋图例如表 4-1-5 所示。

表 4-1-5　常用钢筋图例

序号	名　称	图　例	说　明
1	钢筋横断面	●	
2	无弯钩的钢筋端部	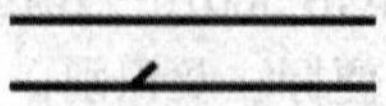	下图表示长、短钢筋投影重叠时，短钢筋的端部用 45° 斜画线表示
3	带半圆形弯钩的钢筋端部		
4	带直钩的钢筋端部		
5	带丝扣的钢筋端部		
6	无弯钩的钢筋搭接		
7	带半圆弯钩的钢筋搭接		
8	带直钩的钢筋搭接		
9	花篮螺丝钢筋接头		
10	机械连接的钢筋接头		用文字说明机械连接的方式(或冷挤压或锥螺纹等)

(二) 混凝土

1. 混凝土的概念

混凝土俗称人工石，即砼。它是由粗骨料、细骨料、胶凝体材料、外加剂以及水按一定的比例搅拌，在模具中经浇筑—振捣—养护等工序形成的工程材料。这种材料受压性能好，但受拉能力差，抗拉强度约为抗压强度带的 1/9～1/20，总体性能价格比优异。

2. 混凝土的强度等级

《混凝土结构设计规范》中将混凝土强度等级定为 14 个等级，其中，C50～C80 属于高强度混凝土范围，如表 4-1-6 所示。

表 4-1-6　混凝土强度等级

强度等级	混凝土强度等级													
	一般强度混凝土							高强度混凝土						
	C15	C20	C25	C30	C35	C40	C45	C50	C55	C60	C65	C70	C75	C80

3. 保护层

混凝土结构随时间发展，表面可能出现酥裂、粉化、锈胀裂缝等材料劣化现象，进一步发展还会引起构件承载力问题，甚至发生破坏，因此混凝土结构设计应满足耐久性的要求。在不同环境条件下，构件中钢筋的混凝土保护层厚度和耐久性技术措施都有不同要求，根据现行混凝土结构设计规范，混凝土结构暴露的环境(混凝土结构表面所处的环境)类别应按表 4-1-7 进行划分。

表 4-1-7　混凝土结构暴露的环境类别

环境类别	条　　件
一	室内干燥环境； 无侵蚀性静水浸没环境
二 a	室内潮湿环境； 非严寒和非寒冷地区的露天环境； 非严寒和非寒冷地区与无侵蚀性的水或土壤直接接触的环境； 严寒和寒冷地区的冰冻线以下与无侵蚀性的水或土壤直接接触的环境
二 b	干湿交替环境； 水位频繁变动环境； 严寒和寒冷地区的露天环境； 严寒和寒冷地区冰冻线以上与无侵蚀性的水或土壤直接接触的环境
三 a	严寒和寒冷地区冬季水位变动区环境； 受除冰盐影响环境； 海风环境
三 b	盐渍土环境； 受除冰盐作用环境； 海岸环境
四	海水环境
五	受人为或自然的侵蚀性物质影响的环境

注：① 室内潮湿环境是指构件表面经常处于结露或湿润状态的环境。

② 严寒和寒冷地区的划分应符合现行国家标准《民用建筑热工设计规范》(GB 50176—2016)的有关规定。

③ 海岸环境和海风环境宜根据当地情况，考虑主导风向及结构所处迎风、背风部位等因素的影响，由调查研究和工程经验确定。

④ 受除冰盐影响环境是指受到除冰盐盐雾影响的环境；受除冰盐作用环境是指被除冰盐溶液溅射的环境以及使用除冰盐地区的洗车房、停车楼等建筑。

表 4-1-7 中的"干湿交替"主要是指室内潮湿、室外露天、地下水浸润、水位变动的环境。由于水和氧的反复作用，容易引起钢筋锈蚀和混凝土材料劣化。"非严寒和非寒冷地

区"与"严寒和寒冷地区"的区别主要在于有无冰冻及冻融循环现象。

滨海室外环境与盐渍土地区的地下结构、北方城市冬季喷洒盐水消除冰雪，而对立交桥、周边结构及停车楼都可能造成钢筋腐蚀的影响，这些都属于三类环境。

设计人员通常在结构设计总说明中明确本工程的环境类别。例如，浙江省某中学的教学楼结构设计总说明中明确："本工程除基础、卫生间为二 a 类环境外，其余均为一类环境。"

钢筋外缘到构件表面的距离称为钢筋的保护层。其作用是保护钢筋免受锈蚀，提高钢筋与混凝土的粘结力。保护层的厚度应符合表 4-1-8 所示的规定。

表 4-1-8　钢筋混凝土保护层的最小厚度　　　　　(单位：mm)

环境类别	板、墙、壳	梁、柱、杆
一	15	20
二 a	20	25
二 b	25	35
三 a	30	40
三 b	40	50

注：① 当混凝土强度等级不大于 C25 时，表中保护层厚度应增加 5 mm。

② 钢筋混凝土基础宜设置混凝土垫层，基础中钢筋的混凝土保护层厚度应从垫层顶面算起，并且不应小于 40 mm。

四、钢筋混凝土结构的图示方法

钢筋混凝土结构只能看见其外形，内部的钢筋是不可见的。为了清楚地表明钢筋混凝土结构内部的钢筋，可假设混凝土为透明体，这样钢筋混凝土结构中的钢筋在结构施工图中便可看见。在结构施工图中，其长度方向用单根粗实线表示，断面钢筋用黑圆点表示，钢筋混凝土结构的外形轮廓线用中实线绘制。

五、结构设计总说明

每一单项工程应编写一份结构设计总说明，对多子项工程宜编写统一的结构施工设计总说明。若为简单的小型单项工程，则结构设计总说明中的内容可分别写在基础平面图和楼层结构平面图上。结构设计总说明应包括以下内容：

(1) 所建工程结构设计的主要依据：所建工程结构设计所采用的主要标准及法规；相应的工程地质勘察报告及其主要内容(工程所在地区的地震基本烈度、建筑场地类别、地基液化判别、工程地质和水文地质概况、地基土冻胀性和融陷情况)；采用的设计荷载，包含工程所在地的风荷载和雪荷载、楼(屋)面使用荷载、其他特殊的荷载；建设方对设计提出的符合有关标准、法规与结构有关的书面要求；批准的方案设计文件。

(2) 设计 ±0.000 标高所对应的绝对标高值。

(3) 图纸中标高、尺寸的单位。

(4) 建筑结构的安全等级和设计使用年限,混凝土结构的耐久性要求和砌体结构施工质量控制等级。

(5) 建筑场地类别、地基的液化等级、建筑抗震设防类别、抗震设防烈度(设计基本地震加速度及地震分组)钢筋混凝土结构的抗震等级和人防工程的抗力等级。

(6) 简要说明有关地基概况,其包括对不良地基的处理措施及技术要求、抗液化措施及要求、地基土的冰冻深度、地基基础的设计等级。

(7) 采用的设计荷载,其包含风荷载、雪荷载、楼屋面允许使用荷载、特殊部位的最大使用荷载标准值。

(8) 所选用结构材料的品种、规格、性能及相应的产品标准,为钢筋混凝土结构应说明受力钢筋的保护层厚度、锚固长度、搭接长度、接长方法,预应力构件的锚具种类、预留孔道做法、施工要求及锚具防腐措施等,并对某些构件或部位的材料提出特殊要求。

(9) 对水池、地下室等有抗渗要求的建(构)筑物的混凝土,说明抗渗等级,需做试漏带提出具体要求,在施工期间存有上浮可能时,应提出抗浮措施。

(10) 采用通用做法和标准构件图集,当有特殊构件需做结构性能检验时,应指出检验的方法与要求。

(11) 施工中应遵循的施工规范和注意事项。

六、钢筋混凝土结构的平面整体表示方法

结构施工图表达房屋结构的类型,基础、柱、墙、梁、板等结构构件的布置,构件材料,截面尺寸、配筋,构件之间的连接、构造要求。结构施工图主要包括图纸目录、结构设计总说明、基础平面图、基础详图、楼层结构平面图及构件详图(如柱、墙、梁、板等)、结构节点构造详图、楼梯详图等。

概括来讲,平法的表达形式是指把结构构件的尺寸和配筋等,按照平面整体表示方法的制图规则整体直接表达在各类构件的结构平面图上,再与标准构造详图相配合,即构成一套新型完整的结构设计。它改变了传统的那种将构件从结构平面图中索引出来,再逐个绘制配筋详图的繁琐方法。

目前结构施工图普遍采用平面整体表示方法,即把结构构件的尺寸和配筋等按照平面整体表示方法的制图规则整体直接表达在各类构件的结构平面图上,再与标准构造详图配合,结合成一套完整的结构设计表示方法。

后续任务会介绍常用现浇钢筋混凝土框架结构中基础、柱、墙、梁、板、楼梯构件的平法制图示例与规则,此规则既是设计者完成柱梁平法施工图的依据,也是施工、监理人员准确理解和实施平法施工图的依据。

因此,结构施工图的识读就必须掌握结构平法制图规则和结构标准构造详图的应用。

技能训练

请完成附图中结构设计说明的识读,并确定房屋的结构信息、抗震设防烈度等内容。

(1) 结构施工图由哪些部分组成？

(2) 结构设计总说明应有哪些内容？

(3) 什么是平法的表达形式？

任务二　基础平法施工图

(1) 了解基础的基本知识。

(2) 熟练掌握基础的概念及形式。

(3) 掌握基础平面图、基础详图的识读方法。

万丈高楼平地起。基础是建筑物的重要组成部分，其与地基直接相连并将建筑物所有上部荷载传至地基。在基础的施工过程中，要有相应的基础平面图，基础平面图是怎样绘制的？基础平面图的规定有哪些内容？同时，在实际施工过程中会遇到基础各部分的形状、大小、材料构造及基础的埋深等情况不同，仅用平面图或文字说明无法交代清楚，那么怎样才能在施工图中将这些内容表述清楚呢？我们通过下面的学习来解决这些问题。

基础平法施工图包括基础平面图、基础构件尺寸及配筋的平面注写、基础施工说明等。基础平面图是在相对标高±0.000 处用个假想水平剖切面将建筑物剖开，移去上部建筑物和覆流土层后所作的水平投影图，主要表示基础、板、梁、柱、墙等平面位置关系。

一、基础平法施工图的制图规则

基础平法施工图的表示方法是指在基础平面图上采用平面注写方式或截面注写方式表达。在基础平法施工图中，应采用表格或其他方式注明基础底面基准标高了±0.000 的绝对标高。当图中基础底面标高全部相同时，基础底面基准标高即为基础底面标高；当有不同时，应取多数相同的底面标高为基础底面基准标高。

为方便表达，规定图面从左至右为 X 向，从下至上为 Y 向。基础平法施工图按照基础形式分为现浇钢筋混凝土独立基础、条形基础、筏形基础、桩基础等，本文分别介绍相应的平法制图规则。

(1) 独立基础：当建筑物采用框架排架结构承重时，框架柱或排架柱下基础采用矩形等形式的独立基础，如图 4-2-1 所示。

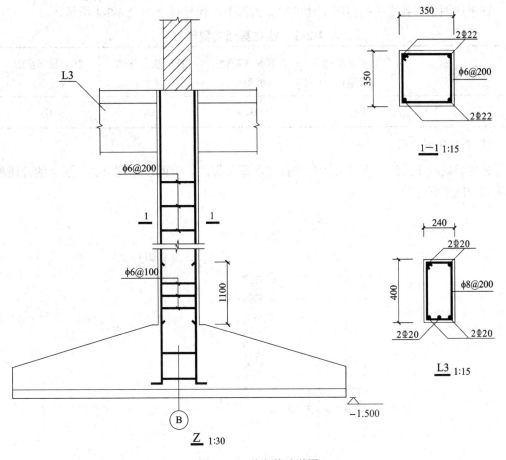

图 4-2-1　独立基础详图

(2) 条形基础：当建筑物采用砖墙承重时，墙下连续设置长的基础，称为条形基础。当建筑物采用框架结构承重时，当柱下独立基础不能满足地基承载力或变形要求时，也可通过设置通长基础梁板的形式，做成柱下条形基础。

(3) 筏形基础：当独立基础和条形基础不能满足要求时，墙或柱下基础连成一片，使建筑物的荷载承受在一块整板上，称为筏形基础。

(4) 桩基础：当浅基础(独立基础、条形基础、筏形基础)不能满足要求时，由设置于岩土中的桩和连接于桩顶端的承台组成的基础，称为桩基础。

1. 独立基础

对于独立基础平法施工图，有平面注写和截面注写两种表达方式，本书介绍目前常用的平面注写方式。

基础平面图应将基础所支承的柱一起绘制，图中应标注独寸编号相同且定位尺寸相同的基础，仅可选择一个进行标注。

1) 独立基础类型

按照基础底板截面形状来划分，独立基础可分为阶型和坡形。当柱采用预制构件时，独立基础做成杯口形，再将预制柱插入并嵌固在杯口内，称为杯口独立基础。

在平法图中，独立基础按照上述情况分为四类，代号规定如表 4-2-1 所示。

表 4-2-1　独立基础类型代号

基础类型	普通独立基础 (阶型)	普通独立基础 (坡型)	杯口独立基础 (阶型)	杯口独立基础 (坡型)
代号	DJ$_J$	DJ$_P$	BJ$_J$	BJ$_P$

2) 平面注写方式

独立基础的平面注写方式分为集中标注和原位标注。下面以如图 4-2-2 所示的普通独立基础为例进行介绍。

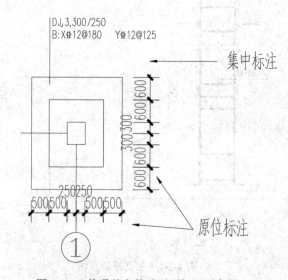

图 4-2-2　普通独立基础平面标注示意图

(1) 集中标注。独立基础集中标注的内容有五项，其中前三项为必注项。

① 基础编号。基础编号由基础类型代号和序号组成。例如，DJ$_J$1、DJ$_P$1 等。

例如，注写的"DJ$_J$7"，表示第 7 号阶形普通独立基础。

② 截面竖向尺寸。截面竖向尺寸自下而上用"/"分隔依次注写各段尺寸。

例如，注写的"400/300/300"表示该基础有三阶，自下而上每阶高度分别为 400 mm、300 mm 和 300 mm，根部总高度为 1000 mm。

③ 基础底板配筋。独立基础底板的底部配筋用 B 代表，以 X 向配筋以大写字母 X 打头、Y 向配筋以大写字母 Y 打头注写。例如，B："XΦ12@100，YΦ12@150"。当两向相同时，则以 X&Y 打头注写。

例如，注写的"B：X&Y：Φ22@200"，表示基础底板的底部钢筋 X 向和 Y 向均为Φ22@200。

独立基础通常为单柱独立基础，也可为双柱、四柱等多柱独立基础。对于多柱独立基础，当柱距较小时，可仅配置基础底部钢筋；当柱距较大时，需要在两柱间设置基础顶部钢筋或基础梁。当设置基础顶部配筋时，用 T 代表，注写为：双柱间纵向受力钢筋/分布钢筋，纵向受力钢筋分布在两柱中心线的两侧。例如，"T：14ϕ125/8ϕ200"，表示该独立基础的顶部配置纵向受力筋Φ14@125，分布在两柱中心线的两侧，分布筋为中8ϕ200，当纵向受力钢筋在基础底板顶面非满布时，应注明其总根数。例如，"12Φ16@150/10ϕ200"。

④ 基础底面标高(选注内容)。当独立基础的底面标高与基础底面基准标高不同时，应将底面标高直接注写在"(   )"内。

⑤ 必要的文字注解。当独立基础设计有特殊要求时，注写必要的文字注解。

(2) 原位标注。基础平面图中原位注写基础与轴线之间的关系，阶形基础的各阶宽等定位尺寸。对于相同编号的独立基础，定位尺寸相同可选择一个进行原位标注。

2．条形基础

条形基础有梁板式条形基础和板式条形基础两种：梁板式条形基础将平法施工图分解为基础和基础底分别表达；板式条形基础适用于砌体结构和钢筋混凝土剪力墙结构，其平法施工图仅表达基础底板。

对于条形基础平法施工图，有平面注写和截面注写两种表达方式，本文介绍目前常用的平面注写方式。

基础平面图应将基础所支承的柱、墙一起绘制，当条形基础梁中心或基础板中心与定位轴线不重合时，应标注其定位尺寸。编号相同且定位尺寸相同的基础，仅可选择一个进行标注。

1) 条形基础类型

在平法施工图中，条形基础分为基础梁和条形基础底板两类构件；其根据底板截面形状，又分为阶型和坡形。代号规定如表 4-2-2 所示。

表 4-2-2　条形基础类型代号

类　型		代　号	序　号	跨数及有无外伸
基础梁		JL	×××	(××)端部无外伸
条形基础底板	阶型	TJB$_J$	×××	(××A)一端有外伸
	坡形	TJB$_P$	×××	(××B)两端有外伸

2) 基础梁的平面注写方式

基础梁的平面注写方式分为集中标注和原位标注。下面介绍集中标注和原位标注的具体内容。

(1) 集中标注。基础梁集中标注(可从梁的任意一跨引出)的内容有六项，其中前四项为必注值，规定如下：

① 基础梁编号。基础梁编号由基础类型代号、序号、跨数及有无外伸代号等几项组成，应符合表 4-2-2 的规定。

② 截面尺寸。当基础梁为等截面梁时，注写为 $b \times h$，表示基础梁的截面宽度与高度。当基础梁外伸段采用变截面，根部和端部高度不同时，用斜线分隔根部高度和端部高度值，用 $b \times h1/h2$ 表示，其中 $h1$ 为根部高度，$h2$ 为端部高度。

③ 基础梁筋。当筋间距仅一种时，注写钢筋级别、直径、间距与肢数，如"$\Phi10@200(4)$"。当箍筋间距采用两种时，按照从基础梁两端向跨中的顺序注写，基础一端筋设置的道数，如"$9\Phi12@100/12@200(4)$"。需要特别注意的是，基础梁与框架梁不同，基础梁没有箍筋加密区的抗震构造要求；基础梁箍筋间距采用两种时，注写的道数是指基础梁一端的接筋道数，而不是两端总道数。

④ 基础梁底部贯通纵筋或架立筋。以大写字母 B 打头，注写梁底部贯通筋(不应少于梁底部受力钢筋总截面面积的 1/3)。当跨中根数少于箍筋肢数时，需要在跨中增设梁底部架立筋以固定箍筋，采用"+"相连，架立筋注写在后面的括号内。例如，"$B\Phi22 + (2\Phi14)$"。

当基础梁顶部贯通纵筋全跨或多数跨相同时，此项可加注梁顶部贯通筋，分号分隔，并以 T 打头注写梁顶部贯通筋。例如，"$B4\Phi25; T5\Phi20$"表示基础梁底部贯通筋为 $4\Phi25$，顶部贯通筋为 $5\Phi20$。当个别跨不同时，则原位注写该跨梁顶部纵筋。

⑤ 基础梁侧面纵向构造钢筋(选注内容)。当基础梁板高度不小于 450 mm 时，需配置纵向构造钢筋，所注规格与根数应符合规范规定，两侧对称配置。注写时以大写字母 G 打头，接续注写梁两侧带总配筋值。例如，"$G6\Phi12$"，表示共配置 $6\Phi12$ 的纵向构造钢筋，每侧各为 $3\Phi12$。

⑥ 基础梁底面标高(选注内容)。当基础梁底面标高与基础底面基准标高不同时，应将底面标高直接注写在"(　　)"内。

(2) 原位标注。基础梁原位标注的内容规定如下：

① 基础梁支座底部纵筋。基础梁支座处原位标注基础梁底部的所有纵筋，包括已集中注写的底部贯通纵筋。

A. 当纵筋多于一排时，用斜线"/"将各排纵筋自上而下分开。

B. 当同排纵筋有两种直径时，用加号"+"将两种直径的纵筋相连，注写时角部纵筋写在前面。

C. 当支座两边的纵筋不同时，需在支座两边分别标注；若相同，仅可在支座的一边标注。

D. 当支座处底部的所有纵筋与集中标注中注写过的底部贯通筋相同时，可不再重复做原位标注。

② 基础梁顶部纵筋。基础梁跨中位置原位注写该跨基础梁的顶部纵筋。

A. 当下部纵筋多于一排时，用斜线"/"将各排纵筋自上而下分开。

B. 当同排纵筋有两种直径时，用加号"+"将两种直径的纵筋相连，注写时角筋在前面。

C. 当基础梁顶部纵筋多数跨相同，集中标注处已经注写时，则不需要在原位重复标注。

③ 对集中标注的修正内容。当集中标注的内容不适用某跨或外伸部分时，原位标注该内容数值，包括上部贯通筋或架立筋、侧面纵筋构造钢筋、基础梁底面标高五项内容中

的某一项或多项。施工时按照原位标注数值取用。

④ 附加筋或(反扣)吊筋。当两向基础梁十字交叉位置无柱时，将附加箍筋或(反扣)吊筋直接画在平面图十字交叉梁中的刚度较大的基础主梁上，用线引注总配筋值(附加筋的肢数注写在括号内)。当多数附加筋和(反扣)吊筋相同时，可在基础梁平法图中用文字统一说明，少数不同时原位引注。

二、基础平法施工图的图示内容

基础平法施工图主要包括下列内容：

(1) 图名和比例。

(2) 轴网定位尺寸及编号。

(3) 基础构件的平面定位尺寸及标高；桩位平面图应注明各桩中心线与轴线间的定位尺寸及桩顶标高。

(4) 基础构件尺寸及配筋等的平面注写。

(5) 基础持力层及其地基承载力特征值；基底及基槽回填土的处理措施与要求以及对施工要求；桩基础应说明桩的类型和桩顶标高、入土深度、桩端持力层及进入持力层的深度、成桩的施工要求、试桩要求和桩基检测要求(也可在结构设计总说明中统一编写)。

(6) 沉降观测要求及测点布置。

(7) 基础施工的其他特殊要求等。

三、基础平法施工图的识读

在识读基础平法施工图前，一般应先认真阅读本工程的《岩土工程详细勘察报告》。根据勘探点的平面布置图，查阅地质剖面，了解拟建场地的标高、土层分布及各项指标、地下水位、持力层位置。

基础类型有独立基础、条形基础、筏板基础、桩基础等多种类型，因此基础平法施工图的内容也各有差异，但是在识读基础平法施工图时都是按照先粗后细、先主后次的顺序。具体识读步骤如下：

(1) 阅读基础说明，明确基础类型，材料、构造要求及有关基础施工要求。

(2) 查看轴网定位尺寸及编号，并对照建施图中的底层平面图进行检查、两者必须一致。

(3) 查看基础构件的平面定位尺寸及标高，并对照建施底层平面图和结施柱(墙)施工图，检查基础构件的布置和定位尺寸是否正确。

(4) 查看基础平面注写，明确基础构件的尺寸及配筋。

(5) 了解沉降观测点的布置、做法与观测要求。

(6) 结合平法图集(即《国家建筑标准设计图集》16G101—1～3)的基础构造部分，明确基础施工时所需选用的构造标准。

以单元 3 的施工图"社区办公楼"为例进行基础平法施工图的识读，识读要点提示如下：

(1) 查看"基本设计说明"，明确基础持力层为 3 号黏土夹碎石层，结合地质资料查看该土层的特性、进深等情况，同时掌握基础施工的要求，并结合结构设计总说明中的基础要求，确保相互之间无矛盾。

(2) 查看基础平面图的柱网间距尺寸，并与建施底层平面图中的柱和墙体对照，确认位置正确。

(3) 查看平面图中柱下独立基础和墙下条基的布置：基础编号、截面尺寸定位，基础详图，基础底面标高、截面根部高度，端部高度及底板配筋。

(4) 仔细查看详图下的文字说明，当明确独立基础的边长大于或等于 2.5 m 时，底板受力钢筋的长度可取边长的 0.9 倍，并交错布置，具体做法可查看《国家建筑标准设计图集》(简称图集)16G101-3 中的构造要求。

(5) 基础平法施工图中要求不明确的参数，如柱筋在基础内的锚固要求等，可查看图集 16G101-3。当基础底板边长不等时，不仅要知道双向底板钢筋的位置谁上谁下，而且要知道原因。

技能训练

完成如图 4-2-3 所示的基础详图的识读。

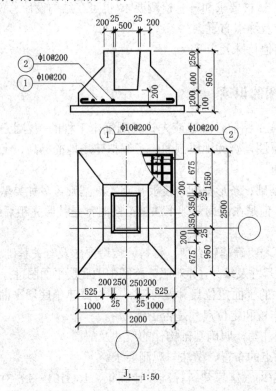

图 4-2-3　基础详图

读图步骤：该基础为杯口独立基础，基础底面尺寸为 2000×2500，基础高度为 850 mm，垫层厚度为 100 mm。基础杯口壁厚度为 200 mm，杯口(上)尺寸为 500×700，杯口深 650 mm。基础底 X 和 Y 方向均采用直径 10 mm 的一级钢筋间距为 200 mm。

完成如图 4-2-4 所示的某基础详图的识读。

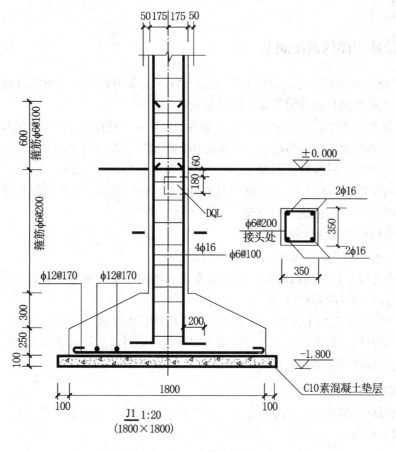

图 4-2-4 某基础详图

任务三 柱、墙平法施工图

(1) 熟练掌握柱、墙(剪力墙)的平法制图规则。

(2) 熟练掌握柱、墙(剪力墙)平法施工图的识读与绘制方法。

柱、墙是多(高)层建筑的主要竖向承重构件,要对承重结构进行施工,必然要会识读结构施工图, 在结构施工图中柱平法施工图如何识读? 下面我们将学习柱构件的相关知识。

知识链接

一、柱平法施工图的制图规则

柱平法施工图的表示方法是指在柱平面布置图上采用列表注写方式或截面注写方式表达。本文主要介绍目前常用的截面注写方式。

在柱平法施工图中, 应注明地下和地上各层的结构层楼(地)面标高、结构层高及相应的结构层号, 带有地下室的尚应注明上部结构嵌固部位。图中用层高表来表述, 表中的粗实线与本图中表达的柱标高范围对应。

(1) 结构层楼面标高是指建筑施工图中的各层楼(地)面标高减去建筑构造面层厚度后的标高, 结构层号应与建筑层号一致。

(2) 上部结构嵌固部位的注写:

① 嵌固部位在基础顶面时, 不需要注明。

② 嵌固部位不在基础顶面时, 在层高表嵌固部位标高下使用双细线注明, 并在层高表下注明上部结构嵌固部位标高。

③ 嵌固部位不在地下室顶板, 但在仍需考虑地下室顶板对上部结构实际存在嵌固作用时, 可在层高地下室顶板标高下使用双虚线注明, 此时首层柱端箍筋加密区长度范围及纵筋连接位置均按嵌固部位来设置。

1. 柱类型

在现浇混凝土结构中, 柱的类型主要有框架柱(如图 4-3-1 所示)、转换柱、芯柱、梁上柱、剪力墙上柱等。

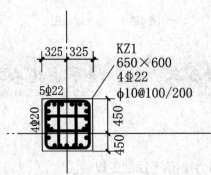

图 4-3-1　框架柱截面注写示意图

(1) 框架结构中承受梁板荷载并传给基础的竖向支撑构件, 就是框架柱。

(2) 当建筑功能要求下部大空间, 上部部分竖向构件不能直接连续贯通落地时, 通过水平转换结构与下部竖向构件连接, 支撑转换梁的柱子就是转换柱。

(3) 当建筑物下层没有柱, 到了上层又需要设置柱时, 从下一层的梁上生柱, 就是梁上柱。

(4) 与梁上柱类似，从下一层的剪力墙上生柱，就是剪力墙上柱。

在柱平法施工图中，以上各类柱的类型代号规定如表 4-3-1 所示。

表 4-3-1　柱　编　号

柱 类 型	代 号	序 号
框架柱	KZ	××
转换柱	ZHZ	××
芯柱	XZ	××
梁上柱	LZ	××
剪力墙上柱	QZ	××

2. 截面注写方式

截面注写方式是指在柱平面布置图的柱截面上，分别在同编号的柱中选择一个截面，直接注写截面尺寸和配筋具体数值。

首先，对柱截面按规定进行编号，从相同编号的柱中选择一个截面，按另种比例原位放大绘制框架柱截面配筋图(如图 4-3-1 所示)，并引出注写以下内容：

(1) 柱编号。柱类型代号和序号组成，如 KZ1、KZ2、KZ3 等。

(2) 截面尺寸 $b \times h$。矩形截面柱的尺寸注写 $b \times h$。如图 4-3-1 中的 650×600。圆形截面柱的尺寸注写采用 "$d = $ 圆柱直径数字" 的形式，如 $d = 600$ mm。

(3) 角筋。柱纵筋分为角筋、截面 b 边中部筋和 h 边中部筋三项。注写角筋如图 4-3-1 中的 4Φ22。当纵筋采用一种直径且图示清楚时，则注写全部纵筋。

(4) 注写箍筋级别、直径和间距。当为抗震设计时，用斜线 "/" 区分柱端箍筋加密区与柱身非加密区长度范围内箍筋的不同间距。施工人员需根据标准构造详图要求，在规定的几种长度值中取其最大者作为加密区长度。如图 4-3-1 中的 ϕ10@100/200。

当框架节点核心区内箍筋与柱端箍筋设置不同时，应在括号中注明核心区箍筋直径及间距，如 ϕ8@100/200(ϕ12@100)；当箍筋沿柱全高为一种间距时，则不使用 "/" 线；当圆柱采用螺旋箍筋时，需在箍筋前加 "L"。同时，在柱截面配筋图上标注以下内容：

① 柱定位尺寸。注写柱数面与轴线关系的具体尺寸。若柱的分段截面尺寸和配筋均相同，仅截面与轴线的关系不同，可编为同一柱编号，但应在未画配筋的柱截面上注写该柱截面与轴线关系的具体尺寸。

② 中部筋。注写截面 b 边中部筋和边中部筋的具体数值，如图 4-3-1 中的 5ϕ22 和 4ϕ20；对于对称配筋的矩形截面柱，仅可在一侧注写中部筋。

二、剪力墙平法施工图的制图规则

剪力墙平法施工图是指在剪力墙平面布置图上采用列表注写方式或截面注写方式表达。本文主要介绍目前常用的截面注写方式。

剪力墙平法施工图按标准层分别绘制，当剪力墙数量较少且简单时，可与柱或梁平法施工图合并绘制。

在剪力墙平法施工图中，应注明地下和地上各层的结构层楼(地)面标高、结构层高及相应的结构层号，带地下室的尚应注明上部结构嵌固端部位。图中用层高表来表述，表中的粗实线与本图中表达的剪力墙标高范围对应。

(1) 结构层楼面标高是指建筑施工图中的各层楼(地)面标高减去建筑构造面层厚度后的标高，结构层号应与建筑层号一致。

(2) 上部结构嵌固部位的注写：

① 嵌固部位在基础顶面时，不需要注明。

② 嵌固部位不在基础顶面时，在层高表嵌固部位标高下使用双细线注明，并在层高表下注明上部结构嵌固部位标高。

③ 嵌固部位不在地下室顶板，但仍需考虑地下室顶板对上部结构实际存在嵌固作用时，可在层高表地下室顶板标高下使用双虚线注明，此时首层柱端箍筋加密区长度范围及纵筋连接位置均按嵌固部位要求设置。

1. 剪力墙构件

建筑物中主要承受风荷载或地震作用产生的水平剪力的墙体，称为剪力墙。剪力墙同时也承受竖向荷载。剪力墙抗侧刚度较大，类似一个悬臂梁，水平力作用下侧向变形的特征为弯曲型。剪力墙由剪力墙身、剪力墙柱、剪力墙梁三类构件组成。

1) 剪力墙身

剪力墙身的墙长与墙厚比值大于4、墙厚一般不小于140 mm。墙厚不大于300 mm且墙长与墙厚比值不大于8的剪力墙为短股剪力墙。

2) 剪力墙柱

剪力墙柱分为构造边缘构件、约束边缘构件、非边缘暗柱、扶壁柱四种类型，具体参见图集16G101-1。

剪力墙两端及洞口两侧应设置边缘构件，边缘构件包括暗柱、端柱、翼墙和转角墙；对于抗震等级一至三级的剪力墙，应在底部加强部位及相邻的上层设置约束边缘构件(轴压比较小时可为构造边缘构件)，其他部位和抗震等级四级的剪力墙设置构造边缘构件；剪力墙墙肢与其平面外方向的楼面梁连接，当不能设置与梁轴线方向相连的剪力墙时，宜在墙与梁相交处设置扶壁柱。

3) 剪力墙梁

剪力墙梁分为连梁、暗梁和边框梁三种类型。

(1) 剪力墙不宜过长。大于8 m的剪力墙较长，宜设防高比较大的连梁将其分成长度较均匀的若干墙段。

(2) 剪力墙在各楼层处设置暗梁。

(3) 在框架-抗震墙结构中，剪力墙嵌入框架内，有端柱、边框梁，使剪力墙成为带边框抗震墙。

2. 截面注写方式

截面注写方式是指在分标准层绘制的剪力墙平面布置图上，直接在剪力墙身、剪力墙柱、剪力墙梁上注写截面尺寸和配筋具体数值。其中，剪力端柱绘制配筋截面图。

1) 剪力墙身

剪力墙身按规定进行编号，编号由剪力墙身代号、序号及墙身所配置的水平和竖向分布钢筋的排数组成。例如，Q1(2 排)、暗梁 Q2(3 排)等。当墙身水平和竖向分布钢筋的排数为 2 时，可不注排数。从相同编号的剪力墙身中选择一道，按顺序标注：墙身编号、墙厚尺寸，水平分布钢筋、竖向分布钢筋和拉筋的具体数值。

2) 剪力墙柱

对剪力墙柱按规定进行编号，编号由剪力墙柱类型代号和序号组成。表达形式应符合表 4-3-2 所示的规定。

表 4-3-2 墙柱编号

墙柱类型	代 号	序 号
约束边缘构件	YBZ	××
构造边缘构件	GBZ	××
非边缘暗柱	AZ	××
扶壁柱	FBZ	××

从相同编号的剪力墙柱中选择一个载面，注明几何尺寸，标注全部纵筋及箍筋的具体数值。

3) 剪力墙梁

对剪力墙梁按规定进行编号，编号由剪力墙梁类型代号和序号组成，表达形式应符合表 4-3-3 所示的规定。

表 4-3-3 墙梁编号

墙梁类型	代 号	序 号
连梁	LL	××
连梁(对角暗撑配筋)	LL(JC)	××
连梁(交叉斜筋配筋)	LL(JX)	××
连梁(集中对角斜筋配筋)	LL(DX)	××
连梁(跨高比不小于 5)	LLk	××
暗梁	AL	××
边框梁	BKL	××

从相同编号的剪力墙梁中选择一根，按顺序注写内容有：剪力墙梁编号、截面尺寸 $b \times$

h、箍筋、上部纵筋、下部纵筋、梁顶面标高高差的具体数值。

三、柱(墙)施工图的识读

对于柱(墙)施工图,本文以目前常用的为例进行介绍,即在柱(墙)平面布置图上采用截面注写方式表达的柱(墙)平法施工图。柱(墙)施工图自下而上按层排列。

1. 图示内容

柱(墙)平法施工图(截面注写方式)主要包括下列内容:

(1) 图名。

(2) 轴网定位尺寸及编号。

(3) 柱(墙)的平面定位尺寸。

(4) 柱(墙)编号、截面尺寸、筋、纵筋。

(5) 层高表。

2. 识读步骤

柱(墙)平法施工图的识读应结合建筑平面图、结构设计总说明等进行,具体识读步骤如下:

(1) 对照层高表和图名,明确柱(墙)平法施工图表达的柱(墙)起止标高。

(2) 查看轴网定位和柱的平面布置,并结合建筑平面图等,明确柱定位。

(3) 先看柱(墙)编号,明确柱的种类数,再看柱截面尺寸及定位尺寸,两者须对应,然后看具体配筋,明确柱和纵筋。

(4) 查看层高表、文字说明或结构设计总说明中的材料要求,明确柱(墙)混凝土的强度等级。

(5) 结合平法图集的柱(墙)构造部分,明确柱(墙)施工时所需选用的构造标准。

技能训练

以如图 4-3-2 所示的 19.470～37.470 柱平法施工图为例,完成柱平法施工图截面注写方式的识读。

柱平法施工图截面注写方式的阅读要结合图、表进行。其步骤如下:

(1) 查看层高表和图名,可知该图的适用标高为 19.470～37.470。

(2) 查看平面图,确定各柱的平面位置及与轴线的关系。例如,图中的 KZ3,该柱截面尺寸为 650×600,b 方向中心线与轴线重合,左右都为 325 mm;h 方向偏心,$h1$ 为 450 mm,$h2$ 为 150 mm。

(3) 查看各柱的集中标注,确定各柱的纵向钢筋、箍筋等信息。如图中 KZ3,该柱的全部纵向钢筋信息为 24 根直径 22 mm 的三级钢筋;该柱的箍筋信息为 4×4 截面类型箍筋,加密区箍筋为直径 10 mm 的一级钢筋,箍筋间距为 100 mm;非加密区箍筋为直径 10 mm 的一级钢筋,箍筋间距为 200 mm;其他信息请读者自行阅读。

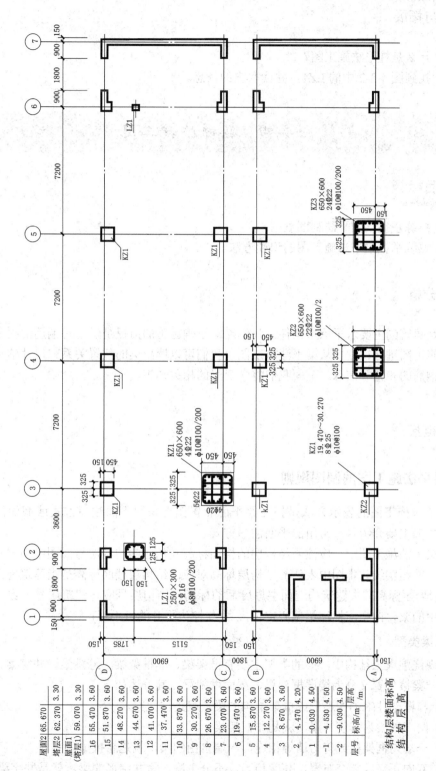

图 4-3-2 19.470~37.470 柱平法施工图

思考与拓展

(1) 什么是柱平法施工图？

(2) 找到图 4-3-2 中的 LZ1，并读取它的信息。

任务四　梁平法施工图

任务目标

(1) 熟练掌握梁的平法制图规则。

(2) 熟练掌握梁平法施工图的识读方法。

任务分析

梁是建筑的主要水平承重构件。我们能够正确施工的前提是学会对钢筋混凝土结构的梁平法施工图进行识读。从梁平法施工图中我们可以读出梁的位置关系、尺寸信息、配筋信息、钢筋的布置等信息。下面我们将学习梁的相关知识。

知识链接

一、梁平法施工图的制图规则

梁平法施工图的表示方法是指在梁平面布置图上采用平面注写方式或截面注写方式表达。本书主要介绍目前常用的平面注写方式。

在梁平法施工图中，应注明结构层的楼面标高及相应的结构层号。图中用层高表来表述，表中的粗实线与本图中表达的结构层标高对应。结构层楼面标高是指建筑施工图中的各层楼(地)面标高减去建筑构造面层厚度后的标高，结构层号应与建筑层号一致。对于轴线未居中的梁，图中应标注梁偏心定位尺寸(与柱边平齐的可不标)。

1. 梁类型

在现浇混凝土结构中，梁的类型主要有框架梁、非框架梁、悬挑梁、井字梁、框支梁等。框架梁按位置又分为楼层框架梁、屋面框架梁。其分述如下：

(1) 与框架柱(KZ)相连形成框架结构的梁，就是框架梁。

(2) 两端以梁为支座的梁，就是非框架梁。

(3) 一端与框架柱或剪力墙等相连，一端自由的梁，就是悬挑梁。

(4) 双向正交成斜交布置，高度相当，不分主次，呈井字形的梁，就是井字梁。

(5) 支撑上部剪力墙的转换梁就是框支梁。

2. 平面注写方式

平面注写方式是指在梁平面布置图上，分别在不同编号的梁中各选一根，在其上注写截面尺寸和配筋具体数值的方式来表达梁平法施工图。

平面注写包括集中标注与原位标注，集中标注表达梁的通用数值，原位标注表达梁的特殊数值。当集中标注中的某项数值不适应于梁的某部位时，将该项数值原位标注，施工时，原位标注取值优先。下面以图 4-4-1 为例，介绍集中标注和原位标注的具体内容。

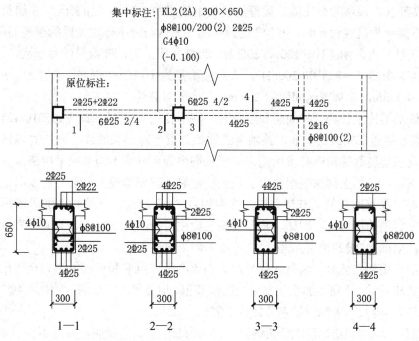

图 4-4-1 梁平面注写方式示例

1) 集中标注

梁集中标注(可从梁的任意一跨引出)的内容有六项，其前五项为必注值，规定如下：

(1) 梁编号，该项为必注值。梁编号由梁类型代号、序号、跨数及有无悬挑代号几项组成，应符合表 4-4-1 所示的规定。

表 4-4-1　梁　编　号

梁 类 型	代 号	序 号	跨数及是否有悬挑
楼层框架梁	KL	××	(××)、(××A)或(××B)
屋面框架梁	WKL	××	(××)、(××A)或(××B)
框支梁	KZL	××	(××)、(××A)或(××B)
非框架梁	L	××	(××)、(××A)或(××B)
悬挑梁	XL	××	
井字梁	JZL	××	(××)、(××A)或(××B)

注：(××A)为一端有悬挑，(××B)为两端有悬挑，悬挑不计入跨数。例如，图 4-4-1 中的 KL2(2A)，表示第 2 号框架梁，2 跨，一端有悬挑。

(2) 梁截面尺寸，该项为必注值。当梁截面为等截面时注写为 $b \times h$，表示梁的截面宽度和高度。例如，图 4-4-1 中的"300 × 650"，表示梁的截面宽度为 300 mm，截面高度为 650 mm；当悬挑梁采用变截面，用斜线分隔根部高度值，用 $b \times h1/h2$ 表示，其中 $h1$ 为根部高度，$h2$ 为端部高度；当为水平加腋梁时，用 $b \times h$ Y$c1 \times c2$ 表示，其中 $c1$ 为腋长，$c2$ 为腋高；当为竖向加腋梁时，一侧加腋时用 $b \times h$ PY$c1 \times c2$ 表示，其中 $c1$ 为腋长，$c2$ 为腋高。

(3) 梁箍筋，该项为必注值。梁箍筋包括钢筋级别、直径、加密区与非加密区间距及肢数。当框架梁为抗震设计时，用"/"区分梁端加密区与跨中非加密区的箍筋间距和肢数，肢数注写在括号内，如 $\phi 10@100(4)/200(2)$。当肢数相同时，肢数只注写一次。

图 4-4-1 中的" $\phi 8@100/200(2)$ "，表示梁箍筋为 HPB300 钢筋，直径为 8 mm，加密区间距为 100 mm，非加密区间距为 200 mm，均为双肢箍。

当箍筋沿梁跨全长为一种间距和股数时，则不使用"/"线，如 $\phi 10@100(2)$。

(4) 梁上部通长筋或架立筋，该项为必注值。梁上部通长筋或架立筋的规格及根数由受力要求及箍筋肢数等构造要求所确定。通长筋可为相同或不同直径采用搭接、机械连接或焊接的钢筋。当梁上部纵筋根数少于箍筋肢数时，需要增设上部架立筋以固定箍筋，此时同排纵筋中既有通长筋又有架立筋，应用加号"+"相连，注写时角部纵筋写在前面，架立前写在后面的括号内。例如，某四肢箍的梁注写为"2Φ22 + (4ϕ12)"，表示梁上部纵筋排 6 根，角部为 2Φ22 的通长筋，中间为 4ϕ12 的架立筋。

当全部采用架立筋时，则写入括号内。当梁的上部纵筋和下部纵筋为全跨相同，并且多数跨配筋相同时，此项可加注下部纵筋的配筋值，用分号";"分隔。例如，"4Φ22；3Φ20"表示通长筋为 4Φ22，下部纵筋多数跨为 3Φ20。

(5) 梁侧面纵向构造钢筋或受扭钢筋，该项为必注值。当梁腹板高度不小于 450 m 时，需配置纵向构造例筋，所注规格与根数应符合规范规定，两侧对称配置，注写时以大写字母 G 打头，接续注写梁两侧的总配筋值。例如，图 4-4-1 中的"G4ϕ10"，表示共配置 4ϕ10 的纵向构造钢筋，每侧各为 2ϕ10。

当梁侧面需配置受扭钢筋时，注写时以大写字母 N 打头，接续注写梁两侧的总配筋值。受扭钢筋应满足梁侧面纵向构造钢筋的间距要求，并且不再重复配置纵向构造钢筋。例如，N4Φ18 表示梁侧面共配置 4Φ18 的受扭钢筋，每侧各为 2Φ18。

(6) 梁顶面标高高差，此项为选注内容。梁顶面标高高差是指用对于结构层楼面标高的高差值。当有高差时，注写在括号内，当高于所在结构层的楼面标高时，高差为正值；反之为负值。无高差则不注。在图 4-4-1 中，梁顶面标高比楼面标高低 0.100 m。

2) 原位标注

梁原位标注的内容规定如下：

(1) 梁支座上部纵筋，该部分含通长筋在内的所有纵筋。

① 当上部纵筋多于排时，用斜线"/"将各排纵筋自上而下分开。例如，在图 4-4-1 中，梁第二跨左支座上部纵筋注写为"6Φ25 4/2"，表示钢筋分两排，其中上排 4Φ25，下排 2Φ25。

② 当同排纵筋有两种直径时，用加号"+"将两种直径的纵筋相连，注写时角部纵筋

写在前面。例如，在图 4-4-1 中，左边支座处的"2Φ25 + 2Φ22"，表示钢筋一排，角部 2Φ25，中间 2Φ22。

③ 当梁中间支座两边的上部纵筋不同时，需在支座两边分别标注；当相同时，仅可在支座的边标注。

④ 当支座处上部的所有纵筋与集中标注中注写过的上部通长筋相同时，可不再重复做原位标注。

(2) 梁下部纵筋。梁跨中处原位注写该跨梁下部纵筋。

① 当下部纵筋多于一排时，用斜线"/"将各排纵筋自上面下分开。例如，在图 4-4-1 中，梁第一跨下部纵筋注写为"6Φ25 2/4"，表示钢筋分两排，其中上排 2Φ25，下排 4Φ25，全部伸入支座。

② 当同排纵筋有两种直径时，用加号"+"将两种直径的纵筋相连，注写时角筋在前面。

③ 当下部纵筋不全部伸入支座时，将减少的数量写在括号内。例如，梁下部纵筋注写为"4Φ20(-2)/4Φ22"，表示梁下部纵筋两排，上排 4Φ20，其中 2 根不伸入支座；下排 4Φ22，全部伸入支座。

④ 当下部纵筋多数跨相同，梁集中标注处已经注写时，则不需要在原位重复标注。

(3) 对集中标注的修正内容。当集中标注的内容不适用某跨或悬挑部分时，原位标注该内容数值，包括梁截面尺寸、箍筋、上部通长筋或架立筋、梁侧面构造钢筋或受扭纵筋、梁顶面高差五项内容中的某项或多项。施工时按照原位标注数值取用。

(4) 附加箍筋或吊筋。直接画在平面图中的主梁上，用线引注总配筋值(附加箍筋的肢数注写在括号内)。当多数附加箍筋和吊筋相同时，可在梁平法施工图中用文字统一说明，少数不同时原位引注，如图 4-4-2 所示。

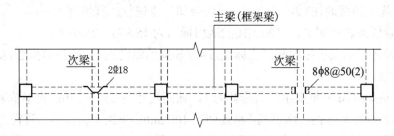

图 4-4-2　附加箍筋和吊筋带画法示例

二、梁平法施工图的识读

对于梁平法施工图，本文以目前常用的为例进行介绍，即在梁平面布置图上采用平面注写方式表达的梁平法施工图，其自下而上按层排列。

1. 图示内容

梁平法施工图(平面注写方式)主要包括下列内容：

(1) 图名和比例。

(2) 轴网定位尺寸及编号。

(3) 梁的平面定位。

(4) 梁的编号、截面尺寸及配筋。

(5) 层高表及文字说明。

2. 识读步骤

梁平法施工图的识读应结合建筑平面图、柱平法施工图、结构设计总说明等，具体识读步骤如下：

(1) 对照层高表和图名，明确梁平法施工图表达的楼层面标高。

(2) 查看轴网定位和梁的平面布置，并结合建筑平面图、柱平法施工图，明确梁定位。

(3) 先看梁编号，明确种类数、跨数。

(4) 查看集中标注处的梁截面尺寸、箍筋、通长筋、构造筋、高差等。

(5) 查看原位标注的梁支座钢筋，梁底钢筋、对集中标注的修改值、附加横向钢筋位置等。

(6) 查看图中的文字说明，明确梁的通用要求，如附加横向钢筋的配筋值等。

(7) 查看层高表或文字说明，并结合结构设计总说明中的材料要求，明确梁混凝土的强度等级。

(8) 结合平法图集的梁构造部分，明确梁施工时所需选用的构造标准。

技能训练

以梁平法施工图为例，完成梁平法施工图截面注写方式的识读。

梁平法施工图截面注写方式的阅读要结合图、表进行，其步骤如下：

(1) 查看层高表和图名，可知该图的适用标高为 15.870～26.670。

(2) 查看各梁的集中标注和原位标注，确定各梁的纵向钢筋、箍筋等信息。如图中 KL6，该梁的信息为：

① 集中标注：6 号框架梁，其跨数为 1，截面尺寸为 250×250；次梁箍筋肢数为 2，加密区箍筋为直径 8 m 的一级钢筋，箍筋间距 100 mm；非加密区箍筋为直径 8 mm 的一级钢筋，箍筋间距 200 mm；上部通常钢筋为 2 根直径 22 mm 的三级钢筋；此梁布置有构造钢筋，各侧分别布置 2 根直径 10 mm 的一级钢筋；梁的标高比本楼层低 1.2 m。

② 原位标注：次梁支座上部钢筋均为 6 根直径 22 mm 的三级钢筋，其中第一排为 4 根 22 mm，第二排为 2 根 22 mm；下部纵筋为 6 根直径 20 mm 的三级钢筋，其中第一排为 4 根 20 mm，第二排为 2 根 20 mm。

其他信息请读者自行阅读。

思考与拓展

找到 15.870～26.670 梁平法施工图(如图 4-4-3 所示)中 KL4 并读取它的信息。

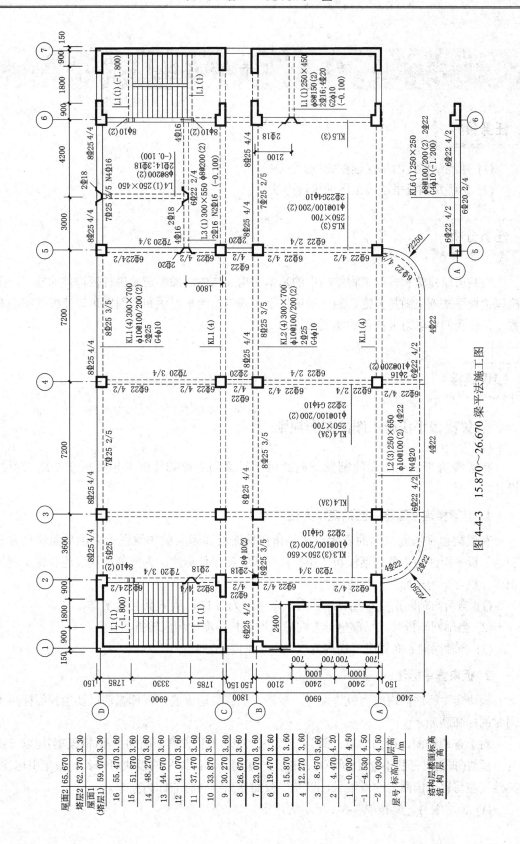

图 4-4-3　15.870～26.670 梁平法施工图

层号	标高/m	层高/m
屋面2	65.670	
塔层2	62.370	3.30
屋面1（塔层1）	59.070	3.30
16	55.470	3.60
15	51.870	3.60
14	48.270	3.60
13	44.670	3.60
12	41.070	3.60
11	37.470	3.60
10	33.870	3.60
9	30.270	3.60
8	26.670	3.60
7	23.070	3.60
6	19.470	3.60
5	15.870	3.60
4	12.270	3.60
3	8.670	3.60
2	4.470	4.20
1	-0.030	4.50
-1	-4.530	4.50
-2	-9.030	4.50
层号	标高/m	层高/m

结构层楼面标高
结构层高

任务五　板平法施工图

任务目标

(1) 熟练掌握板的平法制图规则。
(2) 熟练掌握板平法施工图的识读方法。

任务分析

板是房屋建筑和各种工程结构中的基本结构或构件,想要正确进行板构件的施工,正确识读板平法施工图是关键。通过识读板平法施工图的平面图和立面图可识读板的钢筋布置。下面我们将学习板构件的相关知识。

知识链接

一、有梁楼盖平法施工图的制图规则

有梁楼盖平法施工图的制图规则适用于以梁为支座的楼面与屋面板平法施工图的设计。

1. 有梁楼盖平法施工图的表示方法

有梁楼盖平法施工图的表示方法是指在楼面板和屋面板布置图上采用平面注写方式表达。板平面注写主要包括板块集中标注和板支座原位标注。为方便设计表达和施工图的识读,规定结构平面的坐标方向为:

(1) 当两向轴网正交布置时,图面从左至右为 X 向,从下至上为 Y 向。
(2) 当轴网转折时,局部坐标方向顺轴网转折角度做相应转折。
(3) 当轴网向心布置时,切向为 X 向,径向为 Y 向。

2. 板块集中标注

板块集中标注的内容为板块编号、板厚、上部贯通纵筋、下部纵筋以及当板面标高不同时的标高高差。

对于普通楼面,两向均以一跨为一板块;对于密肋楼盖,两向主梁(框架梁)均以一跨为一板块(非主梁密肋不计)。所有板块应逐一编号,相同编号的板块可择其一做集中标注,其他仅注写置于圆圈内的板编号,以及当板面标高不同时的标高高差。

(1) 板块编号。其按表 4-5-1 所示的规定。

表 4-5-1　板块编号

板类型	代号	序号
楼面板	LB	××
屋面板	WB	××
悬挑板	XB	××

(2) 板厚。板厚注写为 $h = ×××$(为垂直于板面的厚度)；当悬挑板的端部改变截面厚度时，用斜线分隔根部与端部的高度值，注写为*××/**×；当设计已在图注中统一注明板厚时，此项可不注。

(3) 纵筋。纵筋按板块的下部纵筋和上部贯通纵筋分别注写(当板块上部不设贯通纵筋时则不注)，并以大写字母 B 代表下部纵筋，以大写字母 T 代表部贯通纵筋，B&T 代表下部与上部；X 向纵筋以大写字母 X 打头，Y 向纵筋以大写字母 Y 打头，两向纵筋配置相同时则以 X&Y 打头。

当为单向板时，分布筋可不必注写，而在图中统一注明。

当在某些板内(如在悬挑板 XB 的下部)配置有构造钢筋时，则 X 向以 Xc，Y 向以 Yc 打头注写。

当 Y 向采用放射配筋时(切向为 X 向，径向为 Y 向)，设计者应注明配筋间距的定位尺寸。

当纵筋采用两种规格钢筋"隔一布一"方式时，表达为 $Φ××/yy@××$，表示直径为 xx 的钢筋和直径为 yy 的钢筋二者之间的间距为××，直径××的钢筋的间距为××的两倍，直径 yy 的钢筋的间距为××的两倍。

板面标高高差是指相对于结构层楼面标高的高差，应将其注写在括号内，并且有高差则注，无高差不注。

【例1】　有一楼面板块注写为：

LB5 $h = 150$

B：XΦ12@100；YΦ12@100

表示 5 号楼面板，板厚 150；板下部配置的纵筋 X 向为Φ12@100，Y 向为 12Φ100；板上部未配置贯通纵筋。

【例2】　有一楼面板块注写为：

LB5 $h = 110$

B：XΦ10/12@100；YΦ10@110

表示 5 号楼面板，板厚 110；板下部配置的纵筋 X 向为Φ10、Φ12 以"隔一布一"方式配置，Φ10 与 Φ12 的间距为 100，Y 向为 10Φ110；板上部未配置贯通纵筋。

【例3】　有一悬挑板注写为：

XB2 $h = 150/100$

B：Xc&YcΦ8@200

表示 2 号悬挑板，板根部厚 150，端部厚 100；板下部配置构造钢筋双向均为Φ8@200，上部受力钢筋见板支座原位标注。

同一编号板块的类型、板厚和纵筋均应相同，但板面标高、跨度、平面形状以及板支座上部非贯通纵筋可以不同，如同一编号板块的平面形状可为矩形、多边形及其他形状等。

施工预算时，应根据其实际平面形状，分别计算各块板的混凝土与钢材用量。

设计与施工应注意的是，单向或双向连续板的中间支座上部同向贯通纵筋，不应在支座位置连接或分别锚固。当相邻两跨的板上部贯通纵筋配置相同，并且跨中部位有足够空间连接时，可在两跨任意一跨的跨中连接部位连接；当相邻两跨的上部贯通纵筋配置不同时，应将配置较大者越过其标注的跨数终点或起点伸至相邻跨的跨中连接区域进行连接。

3. 板支座原位标注

板支座原位标注的内容为：板支座上部非贯通纵筋和悬挑板上部受力钢筋。板支座原位标注的钢筋，应在配置相同跨的第一跨表达(当在梁悬挑部位单独配置时则在原位表达)。在配置相同跨的第一跨(或梁悬挑部位)，垂直于板支座(梁或墙)绘制一段适宜长度的中粗实线(当该筋通长设置在悬挑板或短跨板上部时，实线段应画至对边或贯通短跨)，以该线段代表支座上部非贯通纵筋，并在线段上方注写钢筋编号(如①、②等)、配筋值、横向连续布置的跨数(注写在括号内，并且当为跨时可不注)，以及是否横向布置到梁的悬挑端。

【例4】　(××)为横向布置的跨数，(××A)为横向布置的跨数及一端的悬挑梁部位，(××B)为横向布置的跨数及两端的悬挑梁部位。

板支座上部非贯通筋自支座中线向跨内的伸出长度，注写在线段的下方位置。

当中间支座上部非贯通纵筋向支座两侧对称伸出时，可仅在支座一侧线段下方标注伸出长度，另一侧不注。

当向支座两侧非对称伸出时，应分别在支座两侧线段下方注写伸出度。

对线段画至对边贯通全跨或贯通全悬挑长度的上部通长纵筋，超通全跨或伸出至全悬挑一侧的长度值不注，只注明非贯通筋另一侧的伸出长度值。

【例5】　在板平面布置图某部位，横跨支承梁绘制的对称线段上注有"⑦Φ12@100(5B)"和"1800"，表示支座上部⑦号非贯通纵筋为12@100，从该跨起沿支承梁连续布置5跨加梁两端的悬挑端，该筋自支座中线向两侧跨内的伸出长度均为1800。在同一板平面布置图的另一部位横跨梁支座绘制的对称线段上注有"⑦(2)"，则是表示该筋同⑦号纵筋，沿支承梁连续布置2跨，并且无梁悬挑端布置。

当板的上部已配置有贯通钢筋，但需增配板支座上部非贯通纵筋时，应结合已配置的同向贯通纵筋的直径与间距采取"隔一布一"方式配置。

"隔一布一"方式是指非贯通纵筋的标注间距与贯通纵筋相同，两者组合后的实际间距为各自标注间距的1/2。当设定贯通纵筋为纵筋总截面面积的50%时，两种钢筋应取相同直径；当设定贯通纵筋大于或小于总截面面积的50%时，两种钢筋则取不同直径。

【例6】　板上部已配置贯通纵筋Φ12@250，该跨同向配置的上部支座非贯通纵筋为⑤Φ12@250，表示在该支座上部设置的纵筋实际为Φ12@125，其中，1/2为贯通纵筋，1/2为⑤号非贯通纵筋(伸出长度值略)。

【例7】　板上部已配置贯通纵筋Φ10@250，该跨配置的上部同向支座非贯通纵筋为③Φ12@250，表示该跨实际设置的上部纵筋为Φ10和Φ12间隔布置，二者之间间距为125。

施工应注意的是，当支座侧设置了上部贯通纵筋(在板集中标注中以大写字母T打头)，而在支座另一侧仅设置了上部非贯通纵筋时，如果支座两侧设置的纵筋直径、间距相同，应将二者连通，避免备自在交座上部分别锚固。

二、无梁楼盖平法施工图的制图规则

1. 无梁楼盖平法施工图的表示方法

无梁楼盖平法施工图的表示方法是指在楼面板和屋面板布置图上采用平面注写方式表达。板平面注写主要有板带集中标注、板带支座原位标注两部分内容。

2. 板带集中标注

集中标注应在板带贯通纵筋配置相同跨的第一跨(X 向为左端跨，Y 向为下端跨)注写。相同编号的板带可择其一做集中标注，其他仅注写板带编号(注在圆圈内)。板带集中标注的具体内容为：板带编号、板带厚及板带宽和贯通纵筋。

(1) 板带编号。其按如表 4-5-2 所示的规定。

表 4-5-2　板　带　编　号

板带类型	代号	序号	跨数及有无悬挑
柱上板带	ZSB	××	(××)、(××A)或(××B)
跨中板带	KZB	××	(××)、(××A)或(××B)

注：① 跨数按柱网轴线计算(两相邻柱轴线之间为一跨)。

　　② (××A)为一端有悬挑，(××B)为两端有悬挑，悬挑不计入跨数。

(2) 板带厚。板带厚注写为 $h = \times \times$，板带宽注写为 $b = \times \times$。当无梁楼盖整体厚度和板带宽度已在图中注明时，此项可不注。

(3) 贯通纵筋。贯通纵筋按板带下部和板带上部分别注写，并以 B 代表下部，T 代表上部，B&T 代表下部和上部。当采用放射配筋时，设计者应注明配筋间距的度量位置，必要时补绘配筋平面图。

【例 9】　设有一板带注写为："ZSB2 (5A)　$h = 300$　$b = 3000$B $\Phi 16@100$；T $\Phi 18@200$"它表示 2 号柱上板带，有 5 跨且一端有悬挑；板带厚 300，宽 3000；板带配置贯通纵筋下部为 $\Phi 16@100$，上部为 $\Phi 18@200$。

设计与施工应注意的是，相邻等跨板带上部贯通纵筋应在跨中 1/3 净跨长范围内连接；当同向连续板带的上部贯通纵筋配置不同时，应将配置较大者越过其标注的跨数终点或起点伸至相邻跨的跨中连接区域连接。

当局部区域的板面标高与整体不同时，应在无梁楼盖的板平法施工图上注明板面标高高差及分布范围。

3. 板带支座原位标注

板带支座原位标注的具体内容为：板带支座上部非贯通纵筋。以一段与板带同向的中粗实线段代表板带支座上部非贯通纵筋；对柱上板带，实线段贯穿柱上区域绘制；对跨中板带：实线段横贯柱网轴线绘制。在线段上注写钢筋编号(如①、②等)、配筋值及在线段的下方注写自支座中线向两侧跨内的伸出长度。

当板带支座非贯通纵筋自支座中线向两侧对称伸出时，其伸出长度可仅在一侧标注；当配置在有悬挑端的边柱上时，该筋伸出到悬挑尽端，设计不注。当支座上部非贯通纵筋呈放射分布时，设计者应注明配筋间距的定位位置。

不同部位的板带支座上部非贯通纵筋相同者,可仅在一个部位注写,其余则在代表非贯通纵筋的线段上注写编号。

【例9】 设有一板平面布置图的某部位,在横跨板带支座绘制的对称线段上注有⑦𝚽18@250,在线段一侧的下方注有1500,系表示支座上部⑦号非贯通纵筋为𝚽18@250,自支座中线向两侧跨内的伸出长度均为1500。

当板带上部已经配有贯通纵筋,但需增加配置板带支座上部非贯通纵筋时,应结合已配同向贯通纵筋的直径与间距,采取"隔一布一"的方式配置。

【例10】 设有一板带上部已配置贯通纵筋为𝚽18@240,板带支座上部非贯通纵筋为⑤𝚽18@240,则板带在该位置实际配置的上部纵筋为𝚽18@120,其中1/2为贯通纵筋,1/2为⑤号非贯通纵筋(伸出长度略)。

【例11】 设有一板带上部已配置贯通纵筋为𝚽18@240,板带支座上部非贯通纵筋为③𝚽20@240,则板带在该位置实际配置的上部纵筋为𝚽18和𝚽20间隔布置,二者之间间距为120(伸出长度略)。

三、板平法施工图的识读

对于板平法施工图,本文以目前常用的为例进行介绍,即在板平面布置图上采用平面注写方式表达的板平法施工图自下而上按层排列。

1. 图示内容

板平法施工图(平面注写方式)主要包括下列内容:

(1) 图名和比例。

(2) 轴网定位尺寸及编号。

(3) 板的编号、厚度、配筋。

(4) 层高表及文字说明。

2. 识读步骤

板平法施工图的识读应结合建筑平面图、梁平法施工图、结构设计总说明等,具体识读步骤如下:

(1) 对照层高表和图名,明确板平法施工图表达的楼层面标高。

(2) 查看轴网定位,并结合建筑平面图、梁平法施工图,明确板的平面布置。

(3) 先看板块编号,明确种类数。

(4) 查看集中标注处的板厚度、贯通筋、高差等。

(5) 查看原位标注的板钢筋等。

(6) 查看图中的文字说明,明确板的通用要求,如遇水潮湿房间的板翻边做法等。

(7) 查看层高表或文字说明,并结合结构设计总说明中的材料要求,明确板混凝土的强度等级。

(8) 结合平法图集的板构造部分,明确板施工时所需选用的构造标准。

技能训练

完成如图4-5-1所示的板平法施工图的识读。

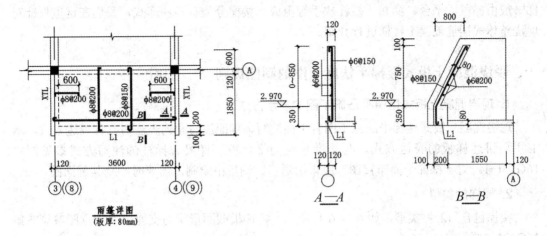

图 4-5-1　板平法施工图

读图步骤：图中的雨篷位于横向③～④轴线和⑧～⑨轴线之间，纵向 A 轴线之下。雨篷平面呈矩形，长 3600 mm，宽 1850 mm，两端搁在现浇挑梁(XTL)上。板中下部受力筋为φ8@150，上部为φ8@200，分布筋为φ8@200，沿板四周设有长 600 mm，配筋为φ8@200 的板面构造筋。此外，该详图中还注有剖切符号 A—A 和 B—B，表明这两处还画有断面图。A—A 断面表达了雨篷板侧面的高度厚度及板内配筋，B—B 断面图则表达了雨篷正立面斜板的形状和配筋等。

思考与拓展

现浇混凝土板中"X ϕ 10/12@100；Y ϕ 10@110"表示的是什么？

任务六　楼梯平法施工图

任务目标

(1) 熟练掌握楼梯的平法制图规则。
(2) 熟练掌握楼梯平法施工图的识读方法。

任务分析

楼梯是房屋垂直方向的重要交通设施，如何识读楼梯平法施工图？我们就要能正确识读楼梯平面图和配筋构造图。下面我们将学习楼梯构件的相关知识。

知识链接

楼梯是房屋建筑内部联系各层的垂直交通设施，供人们和物件上、下楼运输使用。楼梯一般由梯段、平台、梯井、栏杆扶手等组成。楼梯分类有多种形式，我们在这里只针对现浇整体式钢筋混凝土楼梯进行介绍。

一、现浇混凝土板式楼梯平法施工图的制图规则

1. 现浇混凝土板式楼梯平法施工图的表示方法

现浇混凝土板式楼梯平法施工图有平面注写、剖面注写和列表注写三种表达方式。本书主要讲述梯板的表达方式，与楼梯相关的平台板、梯梁、梯柱的注写方式参见图集16G101-1。对于楼梯平面布置图，应采用适当比例集中绘制，需要时绘制其剖面图。

2. 楼梯的类型

楼梯包含 12 种类型，如表 4-6-1 所示。各梯板截面形状与支座位置示意图参见图集16G101-3 的第 11～16 页。

1) AT～ET 型板式楼梯

AT～ET 型板式楼梯的特征是：AT～ET 型板式楼梯代号代表一段带上、下支座的梯板，梯板的士为踏步段，除踏步段之外，梯板可包括低端平板、高端平板以及中位平板。

AT～ET 各型梯板的截面形状为：AT 型梯板全部由踏步段构成；BT 型梯板由低端平板和踏步段构成；CT 型梯板由踏步段和高端平板构成；DT 型梯板由低端平板、踏步板和高端平板构成；ET 型梯板由低端踏步段、中位平板和高端踏步段构成。

表 4-6-1　楼梯类型

楼梯代号	适用范围		是否参与结构整体抗震计算	示意图所在图集16G101-3 的页码	注写及构造图所在图集 16G101-3 的页码
	抗震构造措施	适用结构			
AT	无	剪力墙、砌体结构	不参与	11	23、24
BT			不参与	11	25、26
CT	无		不参与	12	27、28
DT			不参与	12	29、30
ET	无		不参与	13	31、32
FT			不参与	13	33、34、35、39
GT	无		不参与	14	36、37、38、39
ATa		框架结构、框剪结构中框架部分	不参与	15	40、41、42
ATb	有		不参与	15	40、43、44
ATc			参与	15	45、46
CTa	有		不参与	16	47、41、48
CTb			不参与	16	47、43、49

AT～BT 型梯板的两端分别以(低端和高端)梯梁为支座。

AT～ET 型梯板的型号、板厚、上下部纵向钢筋及分布钢筋等内容由设计人员在平法施工图中注明。梯板上部纵向钢筋向跨内伸出的水平投影长度见相应的标准构造详图，设

计不注明，但设计人员应予以校核。当标准构造详图规定的水平投影长度不满足具体工程要求时，应由设计人员另行注明。

2) FT、GT 型板式楼梯

FT、GT 型板式楼梯具备的特征是：FT、GF 每个代号代表两跑踏步段和连接它们的楼层平板及层间平板。FT、GT 型梯板的构成分两类：第一类 F 型，由层间平板、踏步段和楼层平板构成；第二类 G 型，由层间平板和踏步段构成。

FT、GT 型梯板的支承方式如表 4-6-2 所示。FT 型：梯板一端的层间平板采用三边支承，另一端的楼层平板也采用三边支承。GT 型：梯板一端的层间平板采用三边支承，另一端的梯板段采用单边支承(在梯梁上)。

表 4-6-2　FT、GT 型梯板的支承方式

楼梯类型	层间平台端	踏步端(楼层处)	楼层平台端
FT	三边支承	——	三边支承
GT	三边支承	单边支承(梯梁上)	——

FT、GT 型梯板的型号，板厚，上、下部纵向钢筋及分布钢筋等内容由设计者在平法施工图中注明。FT、GT 型平台上部横向钢筋及其外伸长度，在平面图中原位标注。梯板上部纵向钢筋向跨内伸出的水平投影长度见相应的标准构造详图，设计不注，但设计者应予以校核；当标准构造详图规定的水平投影长度不满足具体工程要求时，应由设计者另行注明。

3) ATa、ATb 型板式楼梯

ATa、ATb 型板式楼梯具备的特征是：ATa、ATb 型为带滑动支座的板式楼梯，梯板全部由踏步段构成，其支承方式为梯板高端均支承在梯梁上，ATa 型梯板低端带滑动支座支承在梯梁上，ATb 型梯板低端带滑动支座支承在挑板上。滑动支座做法参见图集 16G101-3 的第 41、第 43 页，采用何种做法应由设计指定。滑动支座垫板可选用聚四氟乙烯板、钢板和厚度大于等于 0.5 的塑料片，也可选用其他能保证有效滑动的材料，其连接方式由设计者另行处理。ATa、ATb 型梯板采用双层双向配筋。

ATc 型板式楼梯具备的特征是：梯板全部由踏步段构成，其支承方式为梯板两端均支承在梯梁上；楼梯休息平台与主体结构可连接，也可脱开，参见图集 16G101-3 的第 45 页。梯板厚度应按计算确定且不宜小于 140；梯板采用双层配筋；梯板两侧设置边缘构件(暗梁)，边缘构件的宽度取 1.5 倍板厚；边缘构件纵筋数量，当抗震等级为一、二级时，不少于 6 根，当抗震等级为三、四级时，不少于 4 根；纵筋直径不小于 ϕ12 且不小于梯板纵向受力钢筋的直径；箍筋直径不小于 ϕ6，间距不大于 200。平台板按双层双向配筋。ATc 型楼梯作为斜撑构件，钢筋均采用符合抗震性能要求的热轧钢筋，钢筋的抗拉强度实测值与屈服强度实测值的比值不应小于 1.25；钢筋的屈服强度实测值与屈服强度标准值的比值不应大于 1.3，并且钢筋在最大拉力下的总伸长率实测值不应小于 9%。

4) CTa、CTb 型板式楼梯

CTa、CTb 型板式楼梯具备以下特征：CTa、CTb 型为带滑动支座的板式楼梯，梯板由踏步段和高端平板构成，其支承方式为梯板高端均支承在梯梁上。CTa 型梯板低端带滑动支座支承在梯梁上，CTb 型梯板低端带滑动支座支承在挑板上；滑动支座做法参见图集

16G101-2 的第 41、第 43 页，采用何种做法应由设计指定。滑动支座垫板可选用聚四氟乙烯板、钢板和厚度大于等于 0.5 的塑料片，也可选用其他能保证有效滑动的材料，其连接方式由设计者另行处理；CTa、CTb 型梯板采用双层双向配筋；梯梁支承在梯柱上时，其构造应符合图集 16G101-1 中框架梁 KL 的构造做法，箍筋宜全长加密；建筑专业地面、楼层平台板和层间平台板的建筑面层厚度经常与楼梯踏步面层厚度不同，为使建筑面层做好后的楼梯踏步等高，各型号楼梯踏步板的第一级踏步高度和最后一级踏步高度需要相应增加或减少，见楼梯剖面图，若没有楼梯剖面图，其取值方法参见图集 16G101-2 的第 50 页。

3. 平面注写方式

平面注写方式是指在楼梯平面布置图上以注写截面尺寸和配筋具体数值的方式来表达楼梯施工图。其包括集中标注和外围标注。

(1) 楼梯集中标注的内容有五项，具体规定如下：

① 梯板类型代号与序号，如 AT××。

② 梯板厚度，注写为 $h=××$。当为带平板的梯板且梯段板厚度和平板厚度不同时，可在梯段板厚度后面括号内以大写字母 P 打头注写平板厚度。

【例 12】　$h=130(P150)$，130 表示梯段板厚度，150 表示梯板平板段的厚度。

踏步段总高度和踏步级数，之间以"/"分隔。

梯板支座上部纵筋、下部纵筋，之间以"；"分隔。

梯板分布筋，以大写字母 F 打头注写分布钢筋具体值，该项也可在图中统一说明。

对于 ATc 型楼梯尚应注明梯板两侧边缘构件纵向钢筋及箍筋。

(2) 楼梯外围标注的内容包括楼梯间的平面尺寸、楼层结构标高、层间结构标高、楼梯的上下方向、梯板的平面几何尺寸、平台板配筋、梯梁及梯柱配筋等。

各类型梯板的平面注写要求见"AT～GT、ATa、ATb、ATc、CTa、CTb 型楼梯平面注写方式与适用条件"。

二、楼梯平法施工图的识读

对于楼梯平法施工图，本文以目前常用的为例进行介绍，即在楼梯平面图上采用平面注写方式表达的楼梯平法施工图，其自下而上按层排列。

1. 图示内容

楼梯平法施工图(平面注写方式)主要包括以下一些内容：

(1) 图名和比例。

(2) 轴网定位尺寸及编号。

(3) 楼梯的平面定位。

(4) 楼梯的类型、平台板、梯梁、梯柱以及楼梯板的配筋。

(5) 文字说明。

2. 识读步骤

楼梯平法施工图的识读应结合建筑平面图、梁平法施工图、板平法施工图、结构设计总说明等，具体识读步骤如下：

(1) 对照建筑平面图，明确结构施工图表达的楼梯是否与其吻合。

(2) 查看建筑楼梯详图和楼梯的平面布置情况且明确楼梯定位。

(3) 查看类型，明确楼梯类型信息。

(4) 查看集中标注处的楼梯类型、楼梯板厚、平台厚等。

(5) 查看的梯板的配筋信息、平台配筋信息、梯柱配筋信息、梯梁配筋信息等。

(6) 结合平法图集的楼梯构造部分，明确楼梯施工时所需选用的构造标准。

技能训练

识读如图 4-6-1 所示的楼梯平面图。

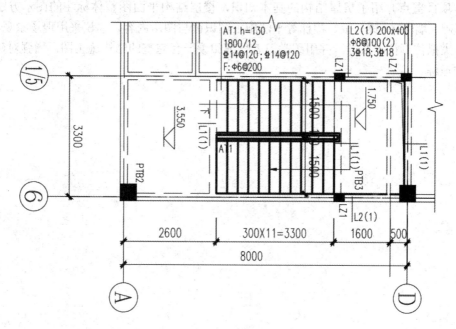

图 4-6-1 楼梯平面图

读图步骤如下：

(1) 该楼梯间的平面尺寸：

① 楼梯开间：3300 mm。

② 楼梯进深：7500 mm。

(2) 楼层结构的标高：

① 楼层平台的标高：3.550 m。

② 中间休息平台的标高：1.750 m。

(3) 楼梯集中标注："AT1"表示楼梯类型为 AT 型，是个整体楼梯的第一块楼梯。"h = 130"表示梯板的厚度 130 mm。"1800/11"表示该梯板竖向投影为 1800 mm，11 步。"$\underline{\Phi}$14@120；$\underline{\Phi}$14@120"表示楼梯支座上部纵筋为直径 14 mm、间距 120 mm 的三级钢筋，下部纵筋纵筋为直径 14 mm、间距 120 mm 的三级钢筋。"F：ϕ6@200"表示梯板分布钢筋为直径 6 mm 的一级钢筋间距 270 mm。

(4) 该图中 LZ1、PTB3、L1 的具体信息在图中未体现。

思考与拓展

(1) 现浇混凝土板式楼梯类型有哪些？

(2) 有多少种现浇混凝土板式楼梯参与结构整体抗震计算？

项 目 小 结

　　本项目重点介绍了房屋结构的基本知识，楼层结构平面图整体标注的图示方法与要求，基础、墙(柱)、梁、板、楼梯等平法施工图识读与图示内容。建议采用现场参观与 VR + BIM 虚拟仿真技术教学，并组织学习者仔细阅读一套完整的结构施工图，增强对建筑施工图的理解。

实训项目五　设备施工图

项目分析

在一套完整的房屋施工图中，除了建筑施工图、结构施工图外，为了了解房屋中水电暖气等管网的布置和走向，就得先认识水、电、暖等施工图，这样我们才能正确识读施工图中各种符号和线条所代表的含义。

项目目标

(1) 了解给水排水施工图、采暖施工图、电气施工图的组成部分。
(2) 掌握给水排水施工图、采暖施工图、电气施工图的识读步骤和绘图方法。

能力目标

能够正确识读给水排水施工图、采暖施工图、电气施工图。

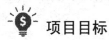

任务一　给水排水施工图

任务目标

(1) 了解给水排水工程。
(2) 熟悉给水排水工程施工图的相关规范和标准。
(3) 能够准确阅读给水排水施工图。
(4) 掌握给水排水施工图绘制要求及画图步骤。
(5) 具备初步进行建筑给水排水施工图的分析和设计能力。

任务分析

给水排水系统是为了系统地供给生活、生产、消防用水以及排除生活、生产废水而建设的一整套工程设施的总称，包括室内给水排水工程和室外给水排水工程，这里只介绍室内的情况。

室内给水排水施工图表示一栋建筑物内的给水工程和排水工程，该施工图主要显示卫生器具的安装位置及管道的布置情况。如何正确绘制给水排水工程施工图以及如何正确识读室内给水排水平面图和给水排水系统图是正确施工的前提。下面我们将学习相关的知识。

知识链接

给水也称为上水，排水也称为下水，分室内、室外两种，本书只介绍室内。室内给水排水施工图是指房屋建筑内需要供水的厨房、卫生间等房间以及工矿企业中的锅炉房、浴室、实验室、车间内的用水设备等的给水排水工程的设计说明、主要设备材料表、管道平面布置图、管路系统轴测图以及详图。

室内给水系统由房屋引入管、水表节点、给水管网(由干管、立管、横支管组成)、给水附件(如水龙头、阀门等)、用水设备(如卫生设备等)、水泵、水箱等附属设备组成。室内排水系统由污废水收集器、排水横支管、排水立管、排水干管和排出管组成。室内给水排水管网的组成如图 5-1-1 所示。

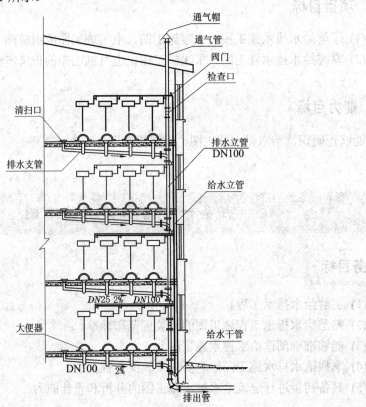

图 5-1-1　室内给水排水管网的组成

一、给水排水施工图一般规定

建筑给水排水工程的设计目的是为建筑防火灭火，人们的正常生活、生产和卫生健康服务的。其内容包含建筑物的消防灭火工程、生活给水工程、生产给水工程、污废水及雨水排水工程、热水工程、饮用水工程、中水工程等工程设计。其主要标准有《房屋建筑制图统一标准》(GB/T 50001—2017)、《建筑制图标准》(GB/T 50104—2010)、《建筑结构制图标准》(GB/T 50105—2010)和《建筑给水排水制图标准》(GB/T 50106—2010)。在给水排水和消防工程设计中对制图有很多严格的要求，在这里列举常涉及的几项。

1. 总则

(1) 应单独绘制建筑给水排水工程图纸。设计应以图样及文字说明表示，不得以文字代替绘图，说明文字应通俗易懂、简明清晰。

(2) 对同一工程的设计图纸，其图例、术语、绘图的表达方式应完全一致，图纸规格尽可能保持一致，一般不宜超过两种。

(3) 规划设计图纸应采用水规-××，初步设计图图纸应采用水初-××、水扩初-××，施工设计图纸应采用水施-××方式编号。

(4) 初步设计图纸目录应以工程项目为单位进行编写，施工图设计图纸目录应以工程单体项目为单位进行编写。

(5) 设计图册的首页应采用1～2张图来清楚表达工程项目的图纸目录、使用标准图纸目录、图例、主要设备器材表、设计说明等内容。

(6) 设计图册中应按系统原理图、平面图、剖面图、放大图、轴测图、详图的顺序排列；平面图按地下各层在前、地上各层依次在后的顺序排列。

2. 图线选用

建筑给水排水施工图的线宽 b 根据图纸的类别、比例和复杂程度确定。一般线宽 b 宜为 0.7 mm 或 1.0 mm。建筑给水排水施工图的线型对照用途如表 5-1-1 所示。粗虚线、中粗虚线、中虚线、细虚线对应相应实线不可见部分。

表 5-1-1 给水排水施工图线型对照用途表

名 称	线 型	线 宽	用 途
粗实线	▬▬▬▬	b	新设计的各种排水和其他重力流管线
中粗实线	▬▬▬▬	$0.75b$	新设计的给水和其他压力流管线；原有的各种排水和其他重力流管线
中实线	————	$0.5b$	给水排水设备、零(附)件的可见轮廓线；总图中的新建建筑物和构筑物的可见轮廓线；原有的各种给水和其他压力流管线
细实线	————	$0.25b$	建筑的可见轮廓线；总图中原有建筑物和构筑物的可见轮廓线；制图中的各种标注线

3. 适用比例

在管道纵断面图中，可根据需要对纵向采用较大的比例，横向采用较小的比例；在建筑给水排水轴测图中，当局部表达有困难时，该处可不按比例绘制。

(1) 小区平面图可选用1∶2000、1∶1000、1∶500 或 1∶200。

(2) 室内、外给水排水平面图可选用1∶300、1∶200、1∶100 或 1∶50。

(3) 给水排水系统图可选用 1：200、1：100 或 1：50。

(4) 剖面图可选用 1：100、1：60、1：50、1：40、1：30 或 1：10。

(5) 详图可选用 1：50、1：40、1：30、1：20、1：10、1：5、1：3、1：1 或 2：1。

4. 标高

(1) 标高的单位为“米”(m)。一般注写至小数点后第三位，在总图中可注写到小数点后第二位。

(2) 标注位置。管道应标注起点、转角点、连接点、变坡点、交叉点的标高。压力管道宜标注管中心标高，室、内外重力管道宜标注管内底标高。必要时，室内架空重力管道可标注管中心标高，但图中应加以说明。

(3) 标高种类。室内管道应标注相对标高，室外管道宜标注绝对标高。无资料时可标注相对标高，但应与总图专业一致。

(4) 标注方法。在平面图中，管道标高采用如图 5-1-2 所示的表示方法，沟渠标高采用如图 5-1-3 所示的表示方法；在剖面图中，管道及水位标高采用如图 5-1-4 所示的表示方法；在轴测图中，管道标高采用如图 5-1-5 所示的表示方法。

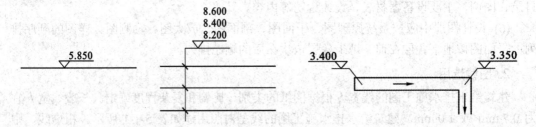

图 5-1-2　平面图中管道标高的表示方法　　　　图 5-1-3　平面图中沟渠标高的表示方法

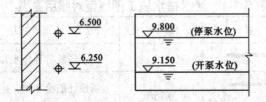

图 5-1-4　剖面图中管道及水位标高的表示方法

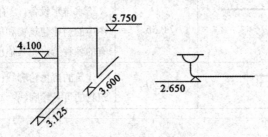

图 5-1-5　轴测图中管道标高的表示方法

5. 管径及编号

管径应以“毫米”(mm)为单位。水、煤气输送钢管(镀锌或非镀锌)、铸铁管等管材，管径宜以公称直径 DN 表示(如 DN15、DN50)；无缝钢管、焊接钢管(直缝或螺旋缝)、铜管、不锈钢管等管材，管径宜以外径 D×壁厚表示(如 D108×4、D159×4.5 等)；钢筋混凝土(或混凝土)管、陶土管、耐酸陶瓷管、缸瓦管等管材，管径宜以内径 d 表示(如 d230、d380 等)；塑料管材，管径宜按产品标准的方法表示。当设计均用公称直径 DN 表示管径时，应用公称直径 DN 与相应产品规格对照表。

管径及编号的标注方法应符合下列规定：

(1) 在有单根管道时，管径按如图 5-1-6 所示的方式标注。

图 5-1-6　单管管径的表示方法

(2) 在有多根管道时，管径按如图 5-1-7 所示的方式标注。

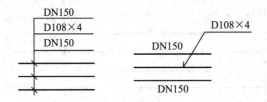

图 5-1-7　多管管径的表示方法

当建筑物的给水引入管或排出管的数量超过 1 根时，宜进行编号，其表示方法如图 5-1-8 所示。

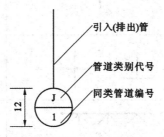

图 5-1-8　给水引入(排水排出)管编号的表示方法

建筑物穿越楼层的立管，与其数量超过 1 根时，宜进行编号，其表示方法如图 5-1-9 所示。

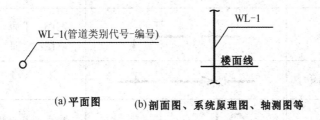

图 5-1-9　立管编号的表示方法

6. 常用给水排水图例

建筑给水排水图纸上的管道、卫生器具和设备等均按照《给水排水制图标准》(GB/T 50106—2010)使用统一的图例来表示。《给水排水制图标准》列出了管道、管道附件、管道连接、管件、阀门、给水配件、消防设施、卫生设备及水池、小型给水排水构筑物、给水排水设备、仪表等图例。这里仅列常用图例供参考，如表 5-1-2 所示。

二、室内给水排水施工图的特点

(1) 给水排水施工图中的管道设备常采用统一的图例和符号表示，但这些图例符号并不能完全表示管道设备的实样。在绘制和识读给水排水施工图前，应首先熟悉和阅读常用的图例符号所表示的内容，如表 5-1-2 所示。

表 5-1-2　给水排水施工图的常用图例

序号	名　称	图　例	说　明
1	管道	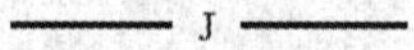	用汉语拼音字头表示管道类别。J(G)：给水管；P(W)：排水管；Y：雨水管；X：消防管；R：热水管
		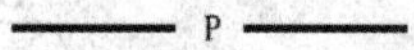	
			用图例表示管道类别
2	交叉管	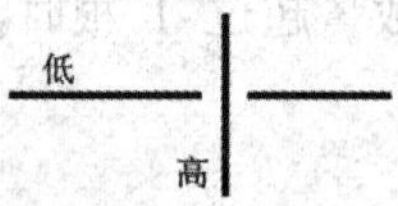	在下方和后面的管道要断开
3	三通或 四通连接	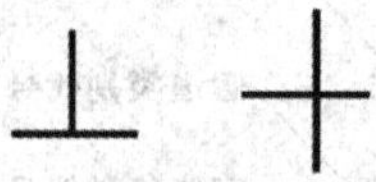	管道在空间相交连接
4	多孔管		开孔淋水管
5	管道立管	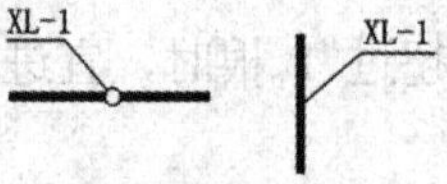	X 为管道类别 L 为立管 I 为编号
6	水嘴	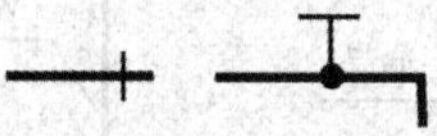	左图：平面 右图：立面
7	截止阀		
8	存水弯		排水管道处用。左图：S 形存水管；右图：P 形存水管
9	地漏	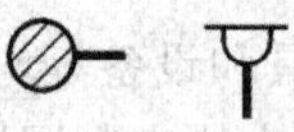	左图：平面 右图：立面

序号	名 称	图 例	说 明
10	清扫口		左图：平面 右图：立面
11	立管检查口		
12	洗脸盆	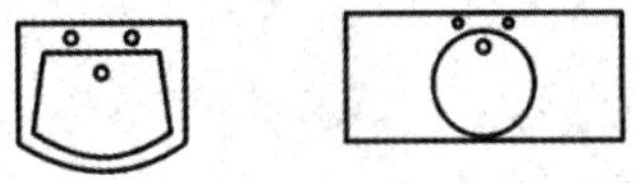	左图：立式 右图：台式
13	浴盆	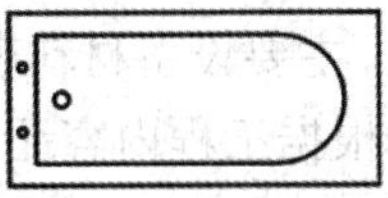	
14	污水池		
15	小便槽	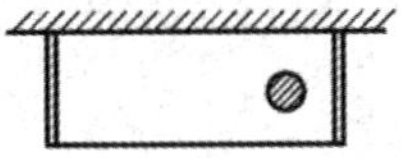	
16	蹲式大便器	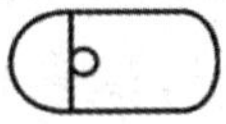	
17	坐式大便器	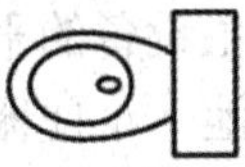	
18	淋浴喷头		左图：平面 右图：立面
19	水管坡度		
20	通气帽	成品　蘑菇形	

(2) 给水排水的管道系统图的图例线条较多，在绘制识读时，要根据水源的流向进行，一般情况为：① 室内给水系统，进户管(房屋引入管)→水表井(阀门井)→干管→立管→横支管→用水设备；② 室内排水系统，污水收集器→横支管→立管→干管→排出管；③ 如有分流(合流)时，沿一个方向看到底，然后看其他方向。

给水排水管道的空间布置往往是纵横交叉，仅用平面图难以表达清楚。因此，在给水排水施工图中常用轴测投影的方法画出管道的空间位置情况，这种图称为管道系统轴测图，简称管道系统图。在绘图时，要根据管道的各层平面图绘制，识读时要与平面图一一对应。

给水排水施工图与土建施工图有紧密的联系，尤其是留洞、打孔、预埋件等对土建的要求必须在图纸上明确表示和注明。

三、室内给水排水施工图的内容

建筑给水排水施工图一般由设计说明、主要设备材料表、平面图、系统图(系统轴测图)、详图等组成。室外小区的给水排水工程，根据工程内容还应包括管道断面图、给水排水节点图等。

1. 设计说明

设计说明用于反映设计人员的设计思路及用图无法表示的部分，同时也反映设计者对施工的具体要求，主要包括设计范围、工程概况、管材的选用、管道的连接方式、卫生器具的安装、标准图集的代号等。

2. 主要设备材料表

主要设备材料表是指设计者为使图纸能顺利实施而规定的主要设备和材料的规格与型号。小型施工图可省略此表。

3. 平面图

平面图表示建筑物内给水排水管道及卫生设备的平面布置情况，它包括如下内容：

(1) 用水设备(如盥洗槽、大便器、拖布池、小便器等)的类型及位置。

(2) 各立管、水平干管、横支管的各层平面位置、管径尺寸、立管编号以及管道的安装方式。

(3) 各管道零件如阀门、清扫口的平面位置。

(4) 在底层平面图上，还反映给水引入管、污水排出管的管径、走向、平面位置及与室外给水、排水管网的组成联系。

4. 系统图

系统图主要是指系统轴测图，其可分为给水系统轴测图和排水系统轴测图。它是用轴测投影的方法，根据各层平面图中卫生设备、管道及竖向标高绘制而成的，分别表示给水排水管道系统的上、下层之间，前后、左右之间的空间关系。在系统图中除注有各管径尺寸及立管编号外，还注有管道的标高和坡度。识图时只有把系统图与平面图互相对照起来阅读，才能了解整个室内给水排水系统的全貌。

5. 详图

详图又称为大样图，它表明某些给水排水设备或管道节点的详细构造与安装要求。图 5-1-10 所示为某拖布池的安装详图。它表明了水池安装与给水排水管道的相互关系及安装控制尺寸。有些详图可直接查阅有关标准图集或室内给水排水设计手册，如水表安装详图、卫生设备安装详图等。

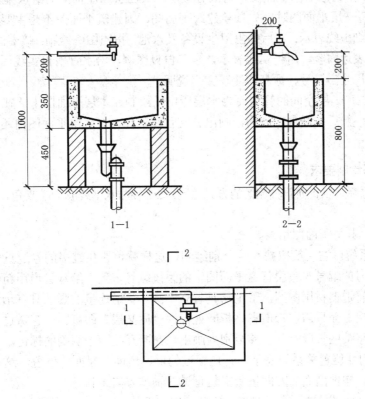

图 5-1-10 某拖布池的安装详图

四、室内给水排水施工图的绘制

1. 平面图绘制要求

(1) 建筑物轮廓线、轴线号、房间名称、绘图比例等均应与建筑专业一致，并用细实线绘制。

(2) 各类管道、用水器具及设备、消火栓、喷洒头、雨水斗、阀门、附件、立管位置等应按图例以正投影法绘制在平面图上，线型按 GB/T 50106—2010 的规定执行。

(3) 安装在下层空间或埋设在地面下但为本层使用的管道，可绘制于本层平面图上；如有地下层，排出管、引入管、汇集横干管可绘于地下层内。

(4) 各类管道应标注管径，其要求如下：

① 生活热水管要表示出伸缩装置及固定支架位置。

② 立管应按管道类别和代号自左至右分别进行编号，并且各楼层相一致。

③ 消火栓可按需要分层按顺序编号。

(5) 引入管、排出管应注明与建筑轴线的定位尺寸、穿建筑外墙标高、防水套管形式。

(6) ±0.000 标高层平面图在右上方绘制指北针。

2. 室内给水排水施工平面图的绘制步骤

(1) 先画一层给水排水平面图，再画各楼层、天面层和屋构架的给水排水平面图。

(2) 在画每一层平面图时，先抄绘建筑平面图，因建筑平面图不是主要表达的内容，应用细实线或细虚线表示；然后画出卫生设备及水池，按照图例绘制；接着画管道平面图，因其为主要的表达内容，用粗实线表示，也可自设图例，给水管用粗实线，污水管用粗虚线；最后标注尺寸、符号、标高和注写文字说明。

(3) 安装在下一层空间的管道而为本层所用，绘制在本层平面图上。在画管道平面图时，先画立管，然后按照水流方向，画出分支管和附件，对底层平面图则还应画出引入管和排出管。

3. 系统图绘制要求

(1) 轴向选择。以正面斜轴测图的方式绘制。OY 轴与水平线成 45° 夹角，三轴的变形系数为 1。

(2) 比例。其与平面图相同。

(3) 管道系统。它一般应按系统分别绘制，这样就可避免过多的管道重叠和交叉。各管道系统图符号的编号与底层管道平面图中的系统编号一致。给水管道用粗实线，排水管道用粗虚线，管道器材用图例，卫生器具省略不画。管道连接的画法具有示意性，因此不必层层重复画出，而只需在管道省略折断处标注"同某层"即可。当管道过于集中，无法画清楚时，可将某些管段断开，移至别处画出，在断开处给予明确的标记。

(4) 房屋构件位置关系的表示。管道穿过的墙、地面、屋面的位置，这些构件的图线用细实线画出，构件剖面的方向按所穿越管道的轴测方向绘制。

(5) 尺寸标注。它包括管径、坡度、标高(可略小于国标规定，一般采用 2 mm～2.5 mm)等。

4. 室内给水排水施工系统图的绘制步骤

系统图设计按系统分别绘制。先画立管；然后依次画出立管上的各层地面线、层面线，给水引入管或污水排出管、通气管，给水引入管或污水排出管所穿越的外墙位置，从立管上引出各横管；在横管上画出用水设备的给水连接支管或排水承接支管；再画出管道系统上的阀门、龙头、检查口等器材；最后标注管径、标高、坡度、有关尺寸及编号等。

在绘制系统图时，"左右平着画，上下竖着画，前后东北斜，角度四十五"。绘制具体步骤如下：

(1) 十字坐标定位后，根据高程和给水排水平面图标注尺寸绘制主管线(各方向比例均为 1∶1)。

(2) 在步骤(1)的基础上绘制相应的设施。

(3) 标注设备名称和管径。

5. 室内给水排水施工详图的绘制

一般是先在平面图上确定管线的位置、种类和尺寸，然后绘制管线。图 5-1-11 所示为某学生宿舍楼卫生间给水排水施工样图。

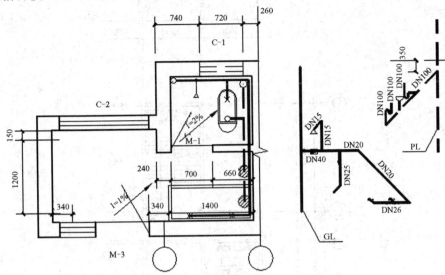

图 5-1-11　某学生宿舍楼卫生间给水排水施工样图

技能训练

室内给水排水施工平面图、系统图的识读。

一、实例分析

1. 图纸

某四层办公楼室内给水排水施工图，分别如图 5-1-12～图 5-1-17 所示。

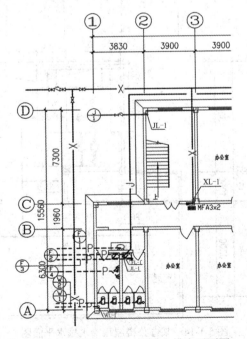

图 5-1-12　某办公楼一层给水排水平面图

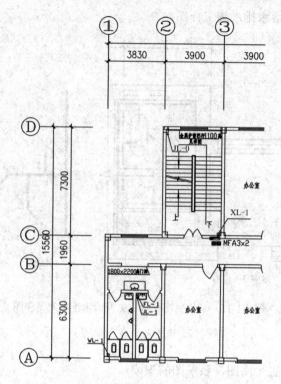

图 5-1-13　某办公楼二至四层给水排水平面图

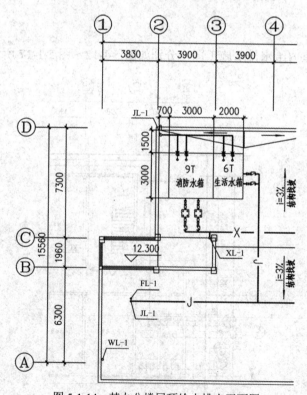

图 5-1-14　某办公楼屋顶给水排水平面图

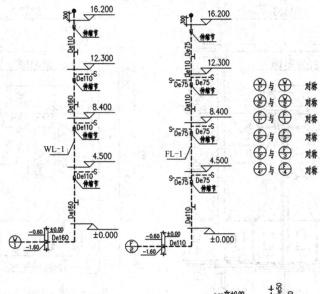

图 5-1-15 某办公楼排水系统图

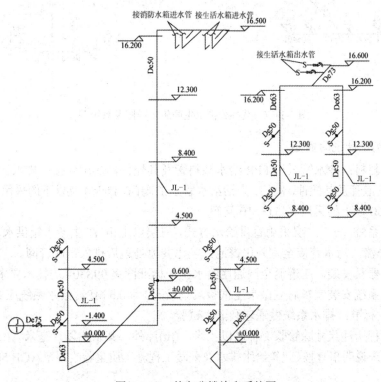

图 5-1-16 某办公楼给水系统图

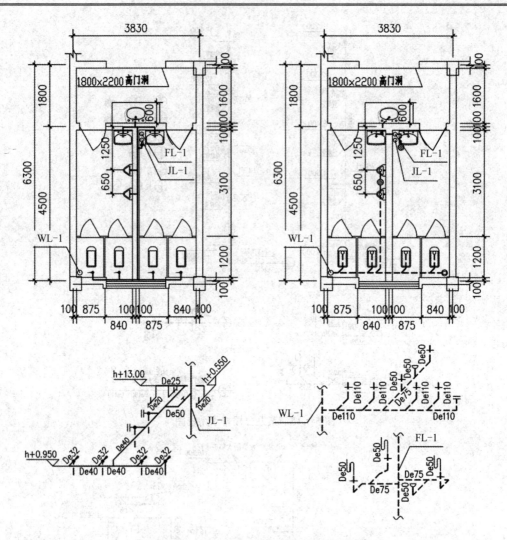

图 5-1-17 某办公楼卫生间施工样图及系统图

2. 本实例设计说明摘要

(1) 管道材料：冷水管采用 PPR 给水塑料管及其配件，热熔连接；排水管道均采用聚氯乙烯芯层发泡管及其配件。阀门：生活给水管上的阀门，DN50 及以下的采用 J11W—10T 截止阀，DN50 以上的采用 Z45T—10 闸阀。

(2) 给水系统：一、二层采用直供给水方式，三层以上由 6T 生活水箱供水。排水系统：本工程废污分流，污水管接至室外化粪池。经化粪池处理后排入市政管网。

(3) 卫生器具安装。应遵循全国通用给水排水标准图集 99S304 的技术要求。

(4) 给水系统安装完毕后应做水压试验，试验压力为 0.6 MPa。给水系统应做消毒冲洗，水质符合卫生标准；排水系统做通球和灌水试验。

(5) 本工程所注尺寸除管长、标高以"米"(m)计外，其余均以"毫米"(mm)计。

(6) 其余未说明事宜按《建筑给水排水及采暖工程施工质量验收规范》(GB 50242—2017)执行。

二、识读步骤

在识读建筑给水排水施工图之前，应先看说明和主要材料表，然后以系统图为线索深入阅读平面图、系统图及详图。

识读时，三种图应相互对照来看。先看系统图，对各系统做到大致了解。在看给水系统图时，可由建筑的给水引入管开始，沿水流方向经干管、立管、支管到用水设备；在看排水系统图时，可由排水设备开始，沿排水方向经支管、立管、干管到排出管。下面分别进行详细叙述。

1. 平面图的识读

建筑给水排水管道平面图是施工图纸中最基本和最重要的图纸，常用的比例有1：100和1：50两种。它为主要表明建筑物内给水排水管道、卫生器具和用水设备的平面布置。图上的线条都是示意性的，同时管材配件如活接头、补心、管箍等均不能表示出来，所以在识读图纸的过程中还必须熟悉给水排水管道的施工工艺。

给水排水平面图的识读一般从底层开始，逐层识读。在识读过程中，应该掌握的主要内容和注意事项如下：

(1) 查明卫生器具、用水设备和升压设备的类型、数量、安装位置、定位尺寸。

(2) 弄清给水引入管和污水排出管的平面位置、走向、定位尺寸、与室外给水排水管网的连接形式、管径及坡度等。

(3) 查明给水排水管道干管、立管、支管的平面位置与走向、管径尺寸及立管编号。从平面图上可清楚地查明是明装还是暗装，以确定施工方法。

(4) 消防给水管道要查明消火栓的布置、口径大小及消防箱的形式和位置。

(5) 在给水管道上设置水表时，必须查明水表的型号、安装位置及水表前后阀门的设置情况。

(6) 对于室内排水管道，要查明清通设备的布置情况、清扫口和检查口的型号和位置。

2. 系统图的识读

给水排水管道系统图主要表明管道系统的立体走向。在给水管道系统图中，卫生器具不标出，只绘制出水龙头、淋浴喷头、冲洗水箱等符号，用水设备管道如锅炉、热交换器、水箱等示意性立体图，并在旁边注以文字说明。在排水管道系统图中只绘制出卫生器具的存水弯或器具的排水管。

在识读系统图时，需要掌握的主要内容及注意事项如下：

(1) 查明给水管道系统的具体走向，干管的布置方式、管径尺寸及其变化情况，阀门的设置，引入管、干管及各支管的标高。

(2) 查明排水管道的具体走向、管路分支情况、管径尺寸与横管坡度、管道各部分标高、存水弯形式、清通设备的设置情况、弯头及三通的选用等。在识读排水管道系统图时，一般按卫生器具或排水设备的存水弯，器具的排水管、横支管、立管、排出管的顺序进行。

(3) 系统图对各楼层标高都已注明，识读时可据此分清管路属于哪一层。

3. 详图的识读

建筑给水排水工程的详图包括节点图、大样图、标准图，其主要是管道节点、水表、消火栓、水加热器、开火炉、卫生器具、套管、排水设备、管道支架等的安装图以及卫生间的大样图等。这些图是根据实物用正投影法画出来的，图上都有详细尺寸，可供安装时直接使用。

三、实例总结

1. 本实例室内给水排水平面图的识读

(1) 该办公楼建筑左右对称，两侧均设卫生间，现以建筑左侧区域进行说明。从图 5-1-12、图 5-1-13 中可以看出，卫生间在建筑的 A～B 轴线和①～②轴线处，位于建筑物的左下角区域，邻近楼梯间，卫生间的进深为 6.3 m，开间为 3.83 m。

(2) 一层卫生间内入门处设置了公共洗手台，里面分成左右两个独立的卫生间区域：左为男厕，内设洗手盆 1 个，小便器 2 个，蹲式大便器 2 个，地漏 1 个；右为女厕，内设洗手盆 1 个，蹲式大便器 2 个，地漏 1 个。

(3) 给水管路布置：J-1 给水引入管从建筑左上角进入，接 JL-0 给水立管；建筑给水环路进入建筑后在女厕洗手盆旁接 JL-1 给水立管。

(4) 排水管路布置：卫生间排水采用污废水分流，一层洗脸台接 F-1 单独排出；卫生间内 FL-1 接 F-2 排出；一层女厕地漏、洗手盆和男厕洗手盆接 F-3 单独排出；男厕小便器、地漏接 F-4 排出；首层男女厕大便器接 W-2 单独排出，WL-1 接 W-1 排出。

(5) 由图 5-1-17 可知，二至四层卫生间由 JL-1 供水，通过沿墙布置的给水管路连接各个用水器具。公共洗手台、洗手盆、女厕地漏废水支管接 FL-1 排放；男厕的小便器和地漏，男、女卫生间大便器排水管接男厕左下角 WL-1 排放。大便器排水横支管末端设置有清扫口。

(6) 由图 5-1-14 可知，JL-0 接到屋面供给 6T 生活水箱，水箱的平面尺寸为 3 m × 2 m。水箱出水管连接屋面的给水横干管接 JL-1。

2. 本实例室内给水排水系统图的识读

(1) 由图 5-1-16 可知，本建筑给水方式为分区供水，一、二层为下行上给直接供水方式；三、四层由屋面水箱上行下给供水。J-1 引入管敷设深度为 1.4 m。JL-0 管径为 De50。JL-1 管径在一层为 De63，在二层为 De50；JL-1 管径在三层为 De50，在四层为 De63。屋面水平横干管敷设高度为 16.5 m。

(2) 由图 5-1-15 可知，首层卫生间采用单独排水。二至四层采用仅设伸顶通气管的排水立管形式。通气帽距屋面 0.3 m。立管各楼层均设有伸缩节。各排出管敷设深度均为 1.6 m。各立管、支管的各管段管径大小从系统图中可知。

┌─────────────┐
│ **思考与拓展** │
└─────────────┘

一、名词解释

(1) 室内给水排水施工图。

(2) 室内给水排水系统图。

二、解答题

(1) 给水排水平面图是如何形成的？图示内容有哪些？

(2) 给水排水系统图是如何形成的？其用途是什么？图示内容有哪些？

(3) 如何识读建筑室内给水排水施工图？

(4) 室内给水排水施工图包含哪些内容？

任务二　室内采暖施工图

任务目标

(1) 能够准确阅读室内采暖施工图。

(2) 掌握室内采暖施工图绘制要求及画图步骤。

(3) 具备初步进行室内采暖施工图的分析和设计能力。

任务分析

建筑室内的采暖工程是建筑物使用功能的一个重要方面，是节能建筑重点研究的对象之一，了解设计人员如何表达采暖工程的内容及获取采暖施工图的信息，在工程领域中显得尤为重要。如何正确绘制室内采暖施工图以及如何正确识读室内采暖平面图和室内采暖系统图是正确施工的前提。下面学习相关的知识。

知识链接

在寒冷地区，为了保持人们在室内的生活和工作的温度，必须设置采暖设备，在城镇大多采用集中供热采暖，这种方式经济、卫生，效果较好。集中供热是指由锅炉将水加热成热水(或蒸汽)，然后由室外供热管送至各个建筑物，由各干管、立管、支管送至各散热器，经散热降温后由支管、立管、干管、室外管道送回锅炉重新加热继续循环供热。

一、机械循环热水采暖系统的工作原理

机械循环热水采暖系统的工作原理简图如图 5-2-1 所示。热水采暖就是以水为热媒的采暖系统。在图 5-2-1 中，当热水采暖系统全部充满水后，在循环水泵 3 的作用下，整个系统就会不断地循环流动。从循环水泵 3 出来的水被压入热水锅炉 1，水在锅炉中被加热至 90℃左右后，经供水总立管 6、供水干管 7、供水立管 8、供水支管 10 输送到散热器 11 散热，使室温升高，水温降低(一般为 70℃左右)后，又经支管、立管、回水干管 12、回水总管 13 被循环水泵抽出重新压入锅炉进行加热，形成一个完整的循环系统。

为了使系统充满水，不积存空气，保证热水采暖正常运行，在系统最高处设有集气罐 5。为防止系统中的水因加热体积膨胀而胀裂管道，在系统中设有膨胀水箱 2，并用循环管 16 与回水管连接，使水对流，以防水箱中的水冻结，便于补充系统中漏失的少量水。

膨胀水箱上设有溢流管 15 和检查管 14，使多余的水全部排入排水池 4。

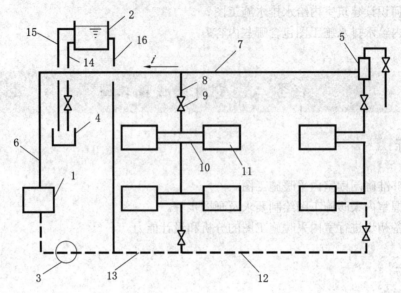

1—锅炉；2—膨胀水箱；3—循环水泵；4—排水池；5—集气罐；

6—供水总立管；7—供水干管；8—供水立管；9—闸阀；10—供水支管；11—散热器；

12—回水干管；13—回水总管；14—检查管；15—溢流管；16—循环管

图 5-2-1　机械循环热水采暖系统的工作原理简图

二、采暖施工图的基本表示方法

1. 采暖系统编号和入口编号的表示方法

采暖系统编号由系统代号和顺序号组成。室内采暖系统代号"N"，其画法如图 5-2-2(a) 所示。图 5-2-2(b)所示为系统分支画法。

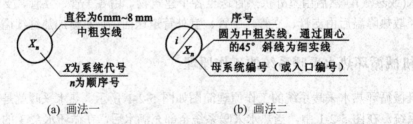

(a) 画法一　　　　　　　　　　　(b) 画法二

图 5-2-2　室内采暖系统代号

2. 采暖管道的基本表示方法

在室内采暖平面图中，供热总管、干管用粗实线表示，支管用中实线表示，回水(凝结水)总管、干管用粗虚线表示。

管道无论是在楼地面之上或下，无论是明装或暗装，均不考虑其可见性，仍按此规定的线型绘制。管道的安装和连接方式可在施工说明中写清楚，一般在平面图中不予表示。

(1) 管道的转向画法分别如图 5-2-3(a)～图 5-2-3(c)所示。

(2) 管道的连接(三通、四通)画法分别如图 5-2-3(d)、(e)所示。

(3) 管道交叉的画法如图 5-2-3(f)所示。

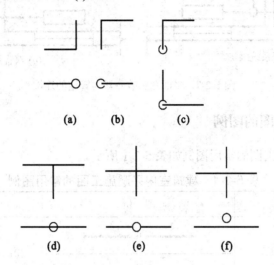

图 5-2-3　采暖管道的几种表示方法

(4) 立管号的画法如图 5-2-4 所示。

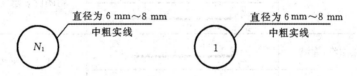

图 5-2-4　立管号

3. 散热器的基本表示方法

(1) 柱型、圆翼型散热器的表示方法如图 5-2-5 所示。

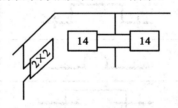

图 5-2-5　柱型、圆翼型散热器表示方法

(2) 光管式、串片式散热器的表示方法如图 5-2-6 所示。

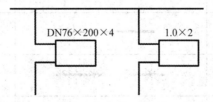

图 5-2-6　光管式、串片式散热器表示方法

(3) 散热器与供水(汽)、回凝结)水管道的连接按如图 5-2-7 所示的方式绘制。

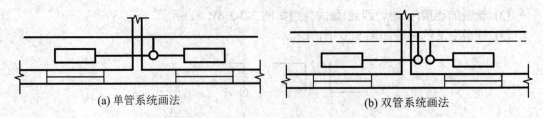

<table>
<tr><td>(a) 单管系统画法</td><td>(b) 双管系统画法</td></tr>
</table>

图 5-2-7　平面图中散热器与管道的连接

三、室内采暖施工图的图例

建筑室内采暖施工图的常用图例如表 5-2-1 所示。

表 5-2-1　建筑室内采暖施工图的常用图例

序号	名　称	图　例	说　明
1	管　道	——— G ———	用汉语拼音字头表示管道类别
		——— H ———	
		— — — —	用图例表示管道类别
		— · — · —	
2	供水(汽)管道	———————	
	回(凝结)水管道	— — — —	
3	保温管道	∿∿∿	可用说明替代
4	方形伸缩器	⊓	
5	圆形伸缩器	⌒	
6	套管伸缩器	▭	
7	流　向	——→	
8	丝　堵	—⊣	
9	固定支架	✳　✳|||	左图：单管 右图：多管
10	截止阀	—▷◁—	
		—■—	

序号	名　称	图　例	说　明
11	闸　阀		
12	止回阀		
13	散热器	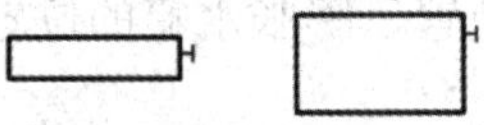	左图：平面 右图：剖面
14	散热器及温控阀	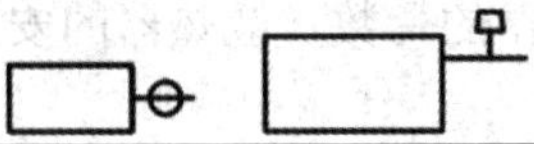	
15	自动排气阀		左图：平面 右图：系统
16	疏水器		
17	集气罐及气阀	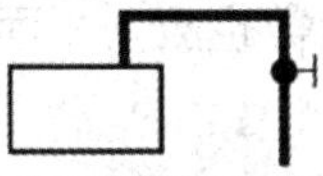	
18	管道泵		
19	Y 形过滤器	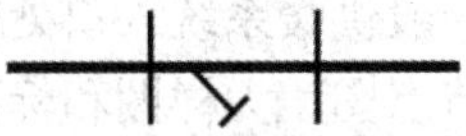	
20	除垢器		

四、室内采暖施工图的组成

采暖施工图一般分为室外和室内两部分。室外部分表示一个区域的采暖管网，包括总平面图、管道纵横剖面图、详图及设计说明等；室内部分表示一幢建筑物的采暖工程，包括室内采暖平面图和系统图、详图及设计说明等，这里只介绍室内采暖施工图。

1. 室内采暖平面图

室内采暖平面图表示一幢建筑物内的所有采暖管道及设备的平面布置情况，其内容包括以下几个方面。

1) 首层平面图

首层平面图包括：

(1) 供热总管和回水总管的进出口，并注明管径、标高及回水干管的位置，干管的坡度、固定支架位置等。

(2) 立管的位置及编号。

(3) 散热器的位置及每组散热器的片数，散热器的安装与立管、支管的连接方式。

2) 楼层平面图(即中间层平面图)

楼层平面图包括：

(1) 立管的位置及编号。

(2) 散热器的位置及每组散热器的片数，散热器的安装与立管、支管的连接方式。

3) 顶层平面图

顶层平面图包括：

(1) 供热干管的位置、管径、坡度、固定支架位置等。

(2) 管道最高处集气罐、放风装置、膨胀水箱的位置、标高、型号等。

(3) 立管的位置及编号。

(4) 散热器的位置及每组散热器的片数，散热器的安装与立管、支管的连接方式。

2. 室内采暖系统图

系统图主要是指系统轴测图，它是以正面斜轴测图的方式绘制的。其表示供暖系统中管道、附件及散热器的空间位置和空间走向；管道与管道之间连接方式；散热器与管道的连接方式；立管编号；各管道的管径和坡度；散热器的片数；供、回水干管的标高；膨胀水箱、集气罐(或自动排气阀)、疏水器、减压阀等设置位置和标高等。系统图上各立管的编号和平面图上一一对应，散热器的片数也应与平面图完全对应。

3. 详图

在室内采暖平面图和系统图上表达不清楚，并且用文字也无法说明的地方，可用详图画出。详图是局部放大比例的施工图，因此也称为大样图。它表示采暖系统节点与设备的详细构造及安装尺寸要求。例如，一般供暖系统入口处管道的交叉连接复杂，所以需要另画一张比例比较大的详图，它包括节点图、大样图和标准图。

4. 设计说明

建筑采暖系统的设计说明一般包括以下内容：

(1) 建筑物的采暖面积、热源的种类、热媒参数、系统总热负荷。

(2) 采用散热器的型号及安装方式、系统形式。

(3) 在安装和调整运转时应遵循的标准和规范。

(4) 在施工图上无法表达的内容，如管道保温方式、油漆等。

(5) 管道连接方式及所采用的管道材料。

(6) 在施工图上未表示的管道附件安装情况，如在散热器支管与立管上是否安装阀门等。

五、室内采暖施工图的绘制

1. 室内采暖平面图的画法

(1) 按比例用中实线抄绘房屋建筑平面图，图中只需绘出建筑平面的主要内容，如走廊、房间、门窗位置，定位轴线位置、编号等。

(2) 用散热器的图例符号"—▭—"绘出各组散热器的位置。

(3) 绘出总立管及各个立管的位置，供热立管用"○"表示，回水立管用"●"表示。

(4) 绘出立管与支管、散热器的连接。

(5) 绘出供水干管、回水干管与立管的连接及管道上的附件设备，如阀门、集气罐、固定支架、疏水器等。

(6) 标注尺寸，对建筑物轴线间的尺寸、编号，干管的管径、坡度、标高，立管编号以及散热器片数等均需进行——标注。

2. 室内采暖平面图的绘制步骤

(1) 抄绘建筑平面图。

(2) 根据管网走向、间距、数量，绘制采暖网线。

(3) 定位相关设备，并绘制。

(4) 对管网和设备进行标注。

3. 室内采暖系统图的画法

(1) 以室内采暖平面图为依据，确定各层标高的位置，带有坡度的干管，绘成与 X 轴或 Y 轴平行的线段，其坡度用 $\underline{\quad i= \quad}$ 表示。

(2) 从供热入口开始，先画出总立管，后画出顶层供热干管，该干管的位置、走向一定与采暖平面图一致。

(3) 根据室内采暖平面图，绘出各个立管的位置以及各层的散热器、支管，绘出回水立管、回水干管以及管路中设备(如集气罐)的位置。

(4) 标注尺寸，对各层楼、地面的标高，干管的管径、坡度、标高，立管的编号，散热器的片数等均要标注。

4. 室内采暖系统图的绘制步骤

室内采暖系统图的设计绘制与给水排水系统图类似，步骤如下：

(1) 绘制标高并标注。

(2) 根据平面图长度绘制管网(斜线为 45°，比例为 1：1)。

(3) 标明设备位置，并根据图例进行绘图。

(4) 标注。

技能训练

建筑室内采暖平面图和系统图的识读。

一、实例分析

1. 图纸

某综合楼室内采暖施工图分别如图 5-2-8～图 5-2-10 所示。

2. 本实例设计说明摘要

(1) 本工程采用低温水供暖，供、回水温度为 70℃～95℃。

(2) 系统采用上分下回单管顺流式。

(3) 管道采用焊接钢管，DN32 以下为丝口连接，DN32 以上为焊接。

(4) 散热器选用铸铁四柱 813 型，每组散热器设手动放气阀。

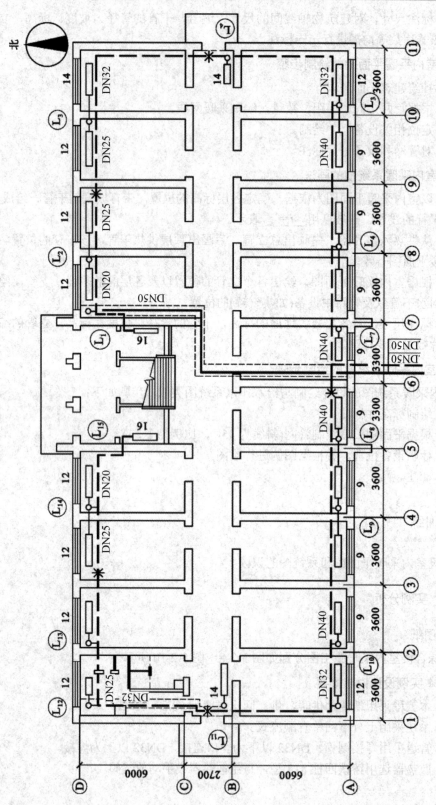

图 5-2-8　供暖一层平面图

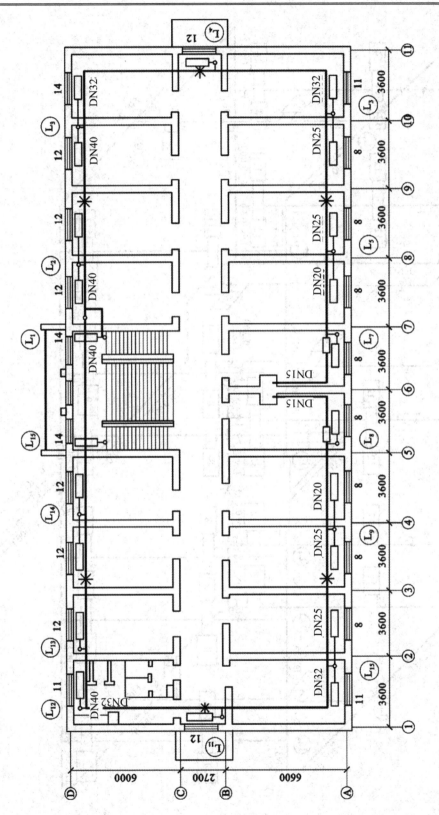

图 5-2-9 供暖一层平面图

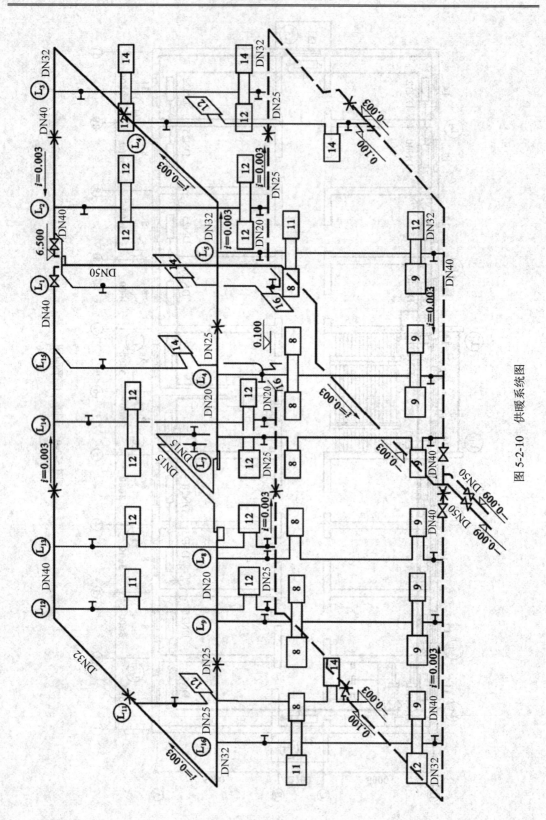

图 5-2-10　供暖系统图

(5) 集气罐采用《采暖通风国家标准图集》N103 中的Ⅰ型卧式集气阀。

(6) 明装管道和散热器等设备，附件及支架等刷红丹防锈漆两遍、银粉两遍。

(7) 室内地沟断面尺寸为 500 mm × 500 mm，地沟内管道刷防锈漆两遍，用 50 mm 厚岩棉保温，外缠玻璃纤维布。

(8) 图中未注明管径的立管均为 DN20，支管为 DN15。

(9) 其余未说明部分，按施工及验收规范有关规定进行。

二、识读步骤

1. 室内采暖平面图的识读

识读室内采暖平面图的主要目的是了解管道、设备及附件的平面位置和规格、数量等。

2. 室内采暖系统图的识读

室内采暖系统图的识读目的是解决以下几个问题：

(1) 采暖管道的走向、空间位置、坡度、管径及变径的位置，以及管道与管道之间的连接方式。

(2) 散热器与管道的连接方式。例如，是竖单管，还是水平串联的；是双管上分，还是下分等。

(3) 管路系统中阀门的位置、规格。

(4) 集气罐的规格、安装形式(立式或卧式)。

(5) 蒸汽供暖疏水器和减压阀的位置、规格、类型。

(6) 节点详图的索引号。

按规定对室内采暖系统图进行编号，并标注散热器的数量。柱型、圆翼型散热器的数量应注在散热器内；光管式、串片式散热器的规格及数量应注在散热器的上方。

3. 详图的识读

详图主要表明室内采暖平面图和系统图中复杂节点的详细构造及设备安装方法。采暖施工图中的详图有散热器安装详图，集气罐的构造、管道的连接详图，补偿器、疏水器的构造详图。若采用标准详图，则可以不画详图，只标出标准图集编号。图 5-2-11 所示为某散热器的安装详图。

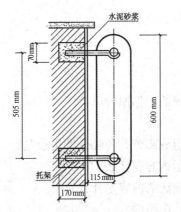

图 5-2-11　某散热器的安装详图

三、实例总结

1. 本实例室内采暖平面图的识读

在一层平面图(如图 5-2-8 所示)中,热力入口设在靠近⑥轴右侧位置,供、回水干管的管径均为 DN50。供水干管引入室内后,在地沟内敷设,地沟断面尺寸为 500 mm×500 mm。主立管设在建筑比例⑦轴处。回水干管分成两个分支环路,右侧分支连接共 7 根立管,左侧分支连接共 8 根立管。回水干管在过门和厕所内局部做地沟。

在二层平面图(如图 5-2-9 所示)中,从供水主立管⑥轴和⑦轴交界处分为左、右两个分支环路,分别向各立管供水,末端干管分别设置卧式集气罐,型号详见说明,放气管的管径为 DN15,引至二层水池。

建筑物内各房间散热器均设置在外墙窗下。一层走廊、楼梯间因有外门,散热器设在靠近外门内墙处;二层设在外窗下。散热器为铸铁四柱 813 型(见本工程设计说明摘要),各组片数标注在散热器旁。

2. 本实例室内采暖系统图的识读

参照图 5-2-10,系统热力入口供、回水干管均为 DN50,并设同规格阀门,标高为 −0.900 m。引入室内后,供水干管标高为−0.300 m,有 0.003 上升的坡度,经主立管引到二层后,分为两个分支,分流后设阀门。两分支环路起点标高均为 6.500 m,坡度为 0.003,供水干管始端为最高点,分别设卧式集气罐,通过 DN15 放气管引至二层水池,出口处设阀门。

各立管采用单管顺流式,上、下端设阀门。图中未标注的立、支管管径详见设计说明(立管为 DN20,支管为 DN15)。

回水干管同样分为两个分支,在地面以上明装,起点标高为 0.100 m,有 0.003 沿水流方向下降的坡度。设在局部地沟内的管道,末端为最低点,并设泄水丝堵。两分支环路汇合前设阀门,汇合后进入地沟,回水排至室外。

思考与拓展

一、名词解释

(1) 室内采暖平面图。

(2) 室内采暖系统图。

(3) 机械循环热水采暖系统的工作原理。

二、解答题

(1) 室内采暖系统由哪些组成部分? 各部分的用途是什么?

(2) 室内采暖平面图的图示内容有什么?

(3) 室内采暖系统图主要表达的内容是什么?

(4) 室内采暖施工图由哪些图组成?

任务三　室内电气施工图

任务目标

(1) 能够准确阅读电气施工图。
(2) 熟练应用相关规范和标准。
(3) 具备初步进行电气施工图的分析和设计能力。

任务分析

在现代装饰装修工程中，都要安装许多电气设施。每一项电气工程或设施，都需要经过专门的设计表达在图纸上，如何有效地获取电气施工图的信息是本项目学习的重点。如何正确识读电气施工图的平面图和系统图是正确施工的前提。下面我们将学习相关的知识。

知识链接

在现代房屋建筑中，都需安装许多电气设备，如照明灯具、电源插座、电视、电话、电冰箱等。每一项电气工程或设施，均需经过专门设计并表达在图纸上，这种图即为电气施工图(或称为电气安装图、电气工程图)。室内电气系统的组成和配电方式是：由室外低压配电线路引到(引入线)建筑物内总配电箱，从总配电箱分出若干组干线，每组干线接分配电箱，最后从分配电箱引出若干组支线(回路)接至各用电设备。用电系统示意图如图 5-3-1 所示。

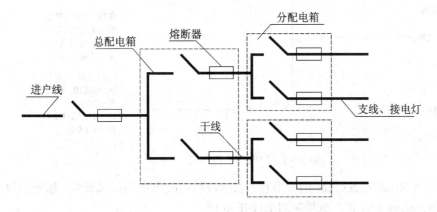

图 5-3-1　用电系统示意图

室内线路的敷设方式有两种：明敷和暗敷。现代建筑中大多采用暗敷，即将穿线管预先埋设在墙、楼板或顶棚内，然后将导线穿入管内，根据管线位置接入用电设备。明敷就是把导线沿墙或楼板直接固定，但要等墙面粉刷完后方可进行。

一、电气施工图的特点

(1) 建筑电气施工图大多是采用统一的图形符号并加注文字符号绘制而成的。

(2) 电气线路都必须构成闭合回路。

(3) 线路中的各种设备、元件都是通过导线连接成为一个整体的。

(4) 在进行建筑电气施工图识读时，应阅读相应的土建工程图及其他安装工程图，以了解相互间的配合关系。

(5) 建筑电气施工图对于设备的安装方法、质量要求以及使用维修方面的技术要求等往往不能完全反映出来，所以在阅读图纸时有关安装方法、技术要求等问题，要参照相关图集和规范。

二、电气施工图中的图例符号和文字符号

电气施工图中的各种电气元件及线路敷设均用图例符号和文字符号来表示，识图的基础是首先明确和熟悉有关电气图例与符号所表达的内容和含义。

(1) 电气施工图中常用电器图例如表 5-3-1 所示。

(2) 线路敷设方式、线路敷设部位、灯具安装方式等以前用汉语拼音字母表示。在线路敷设中，M 代表明敷设，A 代表暗敷设，现在常用英文字母缩写表示，其标注安装方式的新旧代号的文字符号分别如表 5-3-2～表 5-3-4 所示。

(3) 照明灯具的标注如图 5-3-2 所示。

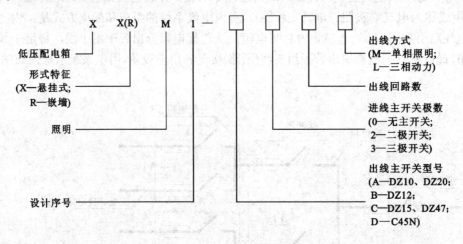

图 5-3-2　照明灯具的标注

例如，型号为 XRM1—A312M 的配电箱，表示该照明配电箱为嵌墙安装，箱内装设一个型号为 DZ20 的进线主开关，单相照明出线开关 12 个。

例如，表示 5 盏 BYS80 型灯具，灯管为两根 40 W 荧光灯管，灯具链吊安装，安装高度为 3.5 m。在同一房间内的多盏相同型号、相同安装方式和相同安装高度的灯具，可以标注一处。

表 5-3-1 电气施工图中常用电器图例

序号	名 称	图 例	序号	名 称	图 例
1	单根导线	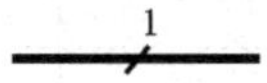	13	一般灯	⊗
2	2 根导线	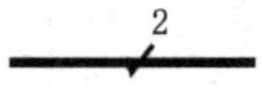	14	壁灯	 ◐
3	3 根导线	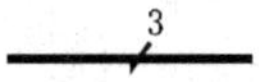	15	防水防尘灯	 ⊗
4	4 根导线	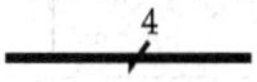	16	单相插座	
5	n 根导线		17	单联单控跷板开关(圆圈涂黑表示暗装,有几横表示几联)	
6	导线引上,引下				
7	导线引上并引下		18	配电箱	
8	导线由上引来并引下		19	电表	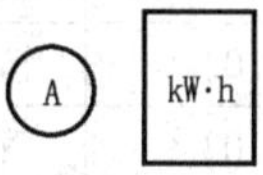 Ⓐ kW·h
9	导线由下引来并引上		20	熔断器	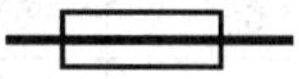
10	球形吸顶灯	●	21	闸开关	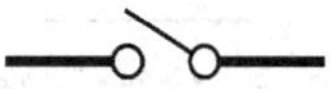
11	荧光灯		22	接线盒	
12	半圆球形吸顶灯		23	接地线	

表 5-3-2 线路敷设方式文字符号

序 号	线路敷设方式的标注		
	名 称	旧代号	新代号
01	穿焊接钢管敷设	G	SC
02	穿电线管敷设	DG	TC
03	穿聚氯乙烯硬质管敷设	VG	PC
04	用塑料线槽敷设	XC	PR
05	用钢线槽敷设		SR

表 5-3-3　线路敷设部位文字符号

序　号	线路敷设部位的标注		
	名　称	旧代号	新代号
01	沿钢索敷设	S	SR
02	沿屋架或跨屋架敷设	LM	BE
03	沿柱或跨柱敷设	ZM	CLE
04	沿墙面敷设	QM	WE
05	沿天棚面或顶板面敷设	PM	CE
06	暗敷设在梁内	LA	BC
07	暗敷设在柱内	ZA	CLC
08	暗敷设在墙内	QA	WC
09	暗敷设在地面内	DA	FC
10	暗敷设在顶板内	PA	CC

表 5-3-4　灯具安装方式文字符号

序　号	灯具安装方式的标注		
	名　称	旧代号	新代号
01	自在器线吊式	X	CP
02	链吊式	L	CH
03	管吊式	G	P
04	吸顶或直附式	D	S
05	壁装式	B	W
06	嵌入式	R	R
07	柱上安装	Z	CL

三、电气施工图的组成

电气施工图一般由施工说明、电气平面图、电气系统图、设备布置图、控制原理图、安装接线图、详图组成。

1. 施工说明

施工说明主要说明电源的来路、线路的敷设方式、电气设备的规格及安装要求等。

2. 电气平面图

电气平面图是电气安装的重要依据,它是将同一层内不同高度的电气设备及线路都投影到同一平面上来表示的。其主要表明电源进户线位置、规格、穿线管径、配电箱的位置,各配电干/支线的编号、规格、敷设方式、导线根数,各电气设备(如灯具、开关、插座)的种类、型号、规格、安装方式和位置等。例如"BX-0.5- (4*16)TC32-WC"是指导线为 4 根 BX 铜芯橡皮绝缘线采用穿 32 的线管沿墙暗敷。灯具安装用 $a-b\dfrac{c\times d}{e}f$ 表示,其中,a 为同类灯具的数量;b 为灯具的规格型号;c 为每个灯具中的灯管数量;d 为灯管的额定功率；e 为灯具的安装高度(若吸顶时为"—"，即为空)；f 为灯具的安装方式。图 5-3-3、图 5-3-4 分别是某办公楼一、二层的电气照明平面图实例。

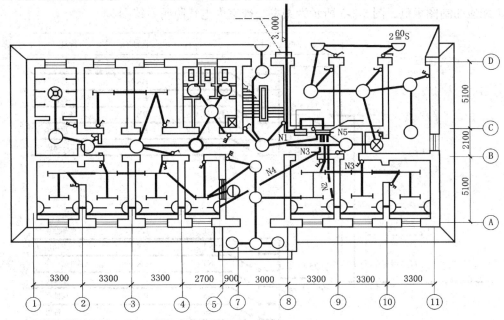

图 5-3-3　一层照明平面图

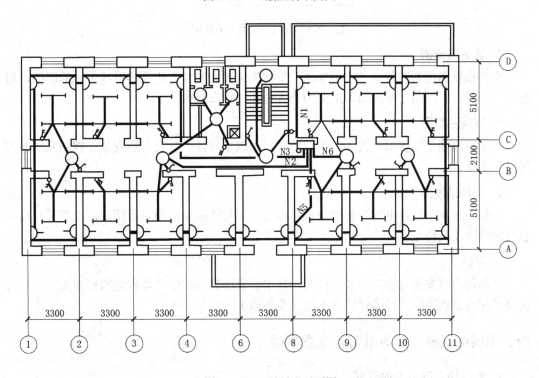

图 5-3-4　二层照明平面图

3. 电气系统图

电气系统图主要表明工程的供电方案，标有整个建筑物内部的配电系统及其容量分配情况、配电装置、导线型号、穿线管径等。对于电源情况，如 "～3 N 380 V/220 V，50 Hz"
是指电源线电压为 380 V、相电压为 220 V、频率为 50 Hz 的三相四线制交流电。其他标注
参考相应的制图规范。图 5-3-5 所示为某办公楼室内电气照明系统图。

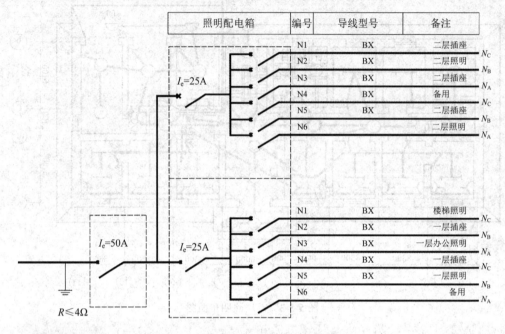

图 5-3-5　室内电气照明系统图

4. 设备布置图

设备布置图是表现各电气设备平面与空间的位置、安装方式及其引线关系的图纸，通
常由平面图、立面图、断面图、剖面图及各种构件详图组成。

5. 控制原理图

控制原理图包括各电气设备的控制原理，用以指导各电气设备的安装和控制系统的调
试运行工作。

6. 安装接线图

安装接线图包括各电气设备的布置与接线，应与控制原理图对照阅读，以便进行控制
系统的接线及调校。

7. 详图

详图是电气安装工程的局部大样图，其主要表明某部位的具体构造和安装要求。一般
的施工图不绘制详图，具体做法参考标准图集施工。

四、识读电气施工图的原则及注意事项

1. 电气施工图识读的原则

对建筑电气施工图而言，一般遵循 "六先六后" 的原则，即先强电后弱电、先系统后
平面、先动力后照明、先下层后上层、先室内后室外、先简单后复杂。

2. 电气施工图识读的注意事项

(1) 注意阅读设计说明，尤其是施工注意事项及各分部分项工程的做法，特别是一些暗设线路、电气设备的基础及各种电气预埋件，这些都与土建工程密切相关，读图时要结合其他专业图纸阅读。

(2) 注意将各系统图对照看，例如，供配电系统图与电力系统图、照明系统图对照看，核对其对应关系；将系统图与平面图对照看，例如，电力系统图与电力平面图对照看，照明系统图与照明平面图对照看，核对有无不对应的错误。看系统图的组成与平面图对应的位置，看系统图与平面图线路的敷设方式、线路的型号、规格是否保持一致。

(3) 注意看平面图的水平位置与其空间位置。

(4) 注意线路的标注，电缆的型号、规格，导线的根数及线路的敷设方式。

(5) 注意核对图中标注的比例。

技能训练

电气施工图的识读。

一、实例分析

1. 图纸

某商住楼电气设备安装施工图分别如图 5-3-6～图 5-3-11 所示。

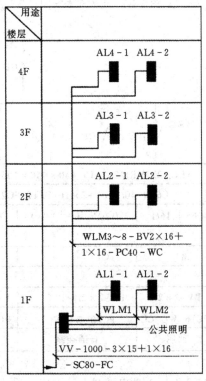

图 5-3-6　配电干线图

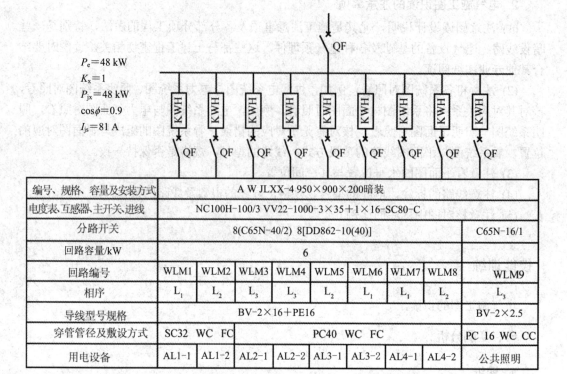

$P_e=48$ kW
$K_x=1$
$P_{jx}=48$ kW
$\cos\phi=0.9$
$I_{js}=81$ A

编号、规格、容量及安装方式	A W JLXX-4 950×900×200暗装								
电度表、互感器、主开关、进线	NC100H-100/3 VV22-1000-3×35+1×16-SC80-C								
分路开关	8(C65N-40/2) 8[DD862-10(40)]								C65N-16/1
回路容量/kW	6								
回路编号	WLM1	WLM2	WLM3	WLM4	WLM5	WLM6	WLM7	WLM8	WLM9
相序	L_1	L_2	L_3	L_3	L_2	L_1	L_1	L_2	L_3
导线型号规格	BV-2×16+PE16								BV-2×2.5
穿管管径及敷设方式	SC32 WC FC	PC40 WC FC							PC 16 WC CC
用电设备	AL1-1	AL1-2	AL2-1	AL2-2	AL3-1	AL3-2	AL4-1	AL4-2	公共照明

图 5-3-7　电表箱系统图

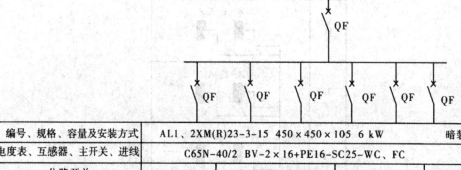

编号、规格、容量及安装方式	AL1、2XM(R)23-3-15　450×450×105　6 kW					暗装
电度表、互感器、主开关、进线	C65N-40/2 BV-2×16+PE16-SC25-WC、FC					
分路开关	C65N-16/1	2(C65N-16/1+VIGI)		2(C65N-20/1)		C65N-16/1
回路容量/kW						
回路编号	M1	C1	C2	K1	K2	M2
相序						
导线型号规格	BV-2×2.5	BV-2×2.5+PE2.5		BV-2×4+PE4		BV-2×2.5
穿管管径及敷设方式	PC16 WC CC	PC20 WC FC		PC25 WC CC		PC16 WC CC
用电设备	照明	普通插座		空调插座		照明

图 5-3-8　一层配电箱 AL1-1、AL1-2 系统图

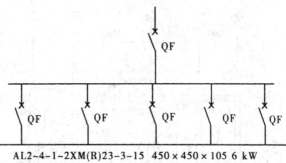

编号、规格、容量及安装方式	AL2~4-1~2XM(R)23-3-15　450×450×105　6 kW				暗装
电度表、互感器、主开关、进线	C65N-40/2　BV-2×16+PE16-PC40-WC、CC				
分路开关	C65N-16/1	3(C65N-16/1+VIGI)			C65N-16/1
回路容量/kW					
回路编号	M1	C1	C2	C3	K1
相序					
导线型号规格	BV-2×2.5	BV-2×2.5+PE2.5			BV-2×4+PE4
穿管管径及敷设方式	PC16　WC　CC	PC20　WC　FC	PC20　WC　CC		PC25　WC　CC
用电设备	照明	普通插座	卫生间插座	厨房插座	空调插座

图 5-3-9　二至四层配电箱 AL2-1~AL4-2 系统图

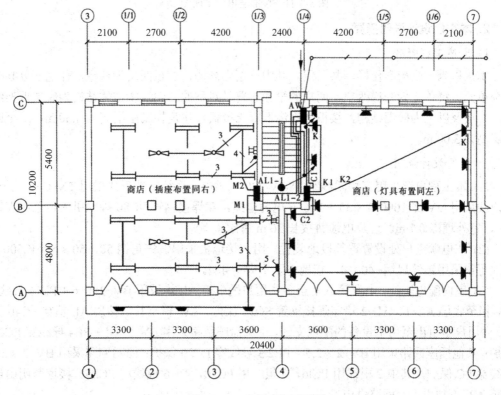

图 5-3-10　底层电气平面图

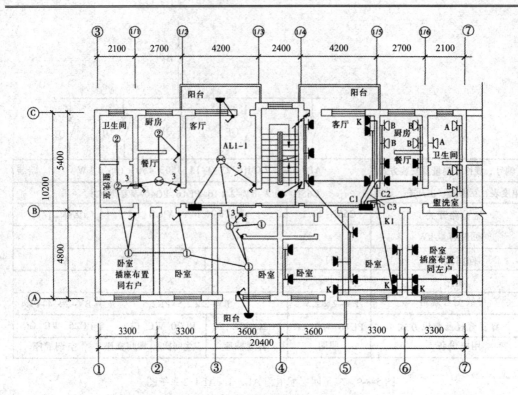

图 5-3-11　标准层电气平面图

2. 本实例设计说明摘要

1) 土建工程概况

本工程为一临街商住楼，共四层。其中一层为商场，二至四层为住宅，住宅部分共分三个单元，每单元为一梯两户，两户的平面布置是对称的。建筑物主体结构为底层框架结构，二层及以上为砖混结构，楼板为现浇混凝土楼板。建筑物底层层高为 4.50 m，二至四层层高为 3.00 m。

2) 电气设计说明

(1) 本工程电源采用三相四线制(380 V/220 V)供电，系统接地形式采用 TN-C-S 系统。进户线采用 VV22-1000-3 × 35 + 1 × 16 电力电缆，穿焊接钢管 SC80 埋地引入至总电表箱 AW，室外埋深 0.7 m。进户电缆暂按长 20 m 考虑。

(2) 在电源进户处设置重复接地装置一组，接地极采用镀锌角钢 50 × 50 × 5 = 12500，接地母线采用镀锌扁钢 -40 × 4，接地电阻不大于 4 Ω。

(3) 室内配电干线，电表箱 AW 至各层用户配电箱 AL 均采用 BV-2 × 16 + PE16 导线，AW 箱至底层 AL-1、AL-2 箱穿焊接钢管 SC32 保护，AW 箱至其他楼层 AL 箱穿 PC40 保护。由用户箱引出至用电设备的配电支线，空调插座回路采用 BV-2 × 4 + PE4 导线穿 PC25 保护；其他插座回路采用 BV-2 × 2.5 + PE2.5 导线穿 PC20 保护；照明回路采用 BV-2 × 2.5 导线穿 PC 保护，其中 2 根线用 PCl6，3 根线用 PC20，4~6 根线用 PC25。楼道照明由电表箱 AW 单独引出一回路供电。

(4) 设备距楼地面安装高度：总电表箱 AW 底边 1.40 m，用户配电箱 AL 底边 1.80 m；

链吊式荧光灯具 3.0 m，软线吊灯 2.80 m；灯具开关、吊扇调速开关 1.30 m；空调插座 1.80 m，厨房、卫生间插座 1.50 m，普通插座 0.30 m。

二、识读步骤

建筑电气施工图的识读步骤如图 5-3-12 所示。详细内容如下：

(1) 看标题栏：了解工程项目名称、内容、设计单位、设计日期、绘图比例等。

(2) 看目录：了解单位工程图纸的数量及各种图纸的编号。

(3) 看设计说明：了解工程概况、供电方式以及安装设计要求。特别注意的是，有些分项局部问题是在各分项工程图纸上说明的，在看分项工程图纸时也要先看设计说明。

(4) 看图例：充分了解各图例符号所表示的设备器具名称及标注说明。

(5) 看系统图：各分项工程都有系统图，如变配电工程的供电系统图、电气工程的电力系统图、电气照明工程的照明系统图，了解主要设备、元件连接关系及它们的规格、型号、参数等。

(6) 看平面图：了解建筑物的平面布置、轴线、尺寸、比例，各种变配电设备、用电设备的编号、名称以及它们在平面上的位置，各种变配电设备起点、终点、敷设方式及在建筑物中的走向。识读平面图的步骤如图 5-3-13 所示。

(7) 看接线图：了解各电气设备的控制原理，用来指导设备安装及调试工作，在进行控制系统接线及调校工作中，应依据功能关系从上至下或从左至右对每个回路仔细地阅读，接线图与端子图应配合阅读。

(8) 看标准图：标准图详细表达设备、装置、器材的安装方式及方法。

(9) 看设备材料表：设备材料表提供了该工程所使用的设备、材料的型号、规格、数量，是编制施工方案、编制预算、材料采购的重要依据。

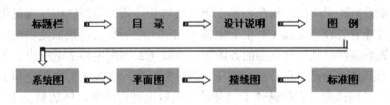

图 5-3-12 建筑电气施工图的识读步骤

图 5-3-13 识读平面图的步骤

三、实例总结

1. 本实例电气平面图的识读

底层和标准层的电气平面图分别如图 5-3-10、图 5-3-11 所示。因为该商住楼底层为商店，二至四层为住宅，而每一单元的平面布置是相同的，并且每一单元内每层分为两户，两户的建筑布局和配电布置又为对称相同，所以在看图时只需弄清楚一个单元中底层和标准层一户的电气安装就可以了。

1) 底层电气平面图

① 电源引入线及室内干线。由底层电气平面图可知，该单元的电源进线是从建筑物北面，沿①轴埋地引至位于底层的电表箱 AW，电表箱 AW 的具体安装位置在一楼的楼梯口，暗装，安装高度为 1.4 m。由电表箱 AW 引出至各楼层的室内低压配电干线，至底层(一层)用户配电箱 AL1-1、AL1-2 的由其下端引出，至二层以上用户配电箱的由其上端引出，楼道公共照明支线也由其上端引出。这部分垂直管线在平面图上无法表示，只能通过电气系统图来理解。

② 接地装置。由底层电气平面图还可了解到，室外接地装置的安装平面位置，室外接地母线埋地引入室内后由电表箱 AW 的下端口进入箱内。

③ 每户配电支线底层用户配电箱 AL1-1、AL1-2 分别暗装在④轴和④轴墙内，对照电气系统图可知，每个配电箱引出 6 回路支线，支线 M1 由配电箱上端引出给这一户⑩轴下方的 6 套双管荧光灯和两台吊扇供电；支线 M2 由配电箱上端引出给⑩轴上方的 6 套双管荧光灯和两台吊扇供电；支线 C1 由配电箱下端引出给⑩轴上方的 8 套普通插座供电；支线 C2 由配电箱下端引出给⑩轴下方的 9 套普通插座供电；支线 K：由配电箱上端引出给⑦轴墙上的 1 套空调插座供电，支线 K1 由配电箱上端引出给 1/4 轴墙上的 1 套空调插座供电。

2) 标准层电气平面图

① 配电干线。由标准层电气平面图可知，引入每层用户配电箱 AL 的配电干线是由楼梯间 1/4 轴墙内暗敷设引上，并经楼地面、墙体引到位于 B 轴墙上暗装的配电箱中。

② 每户配电支线对照电气系统图可知，每一个用户配电箱引出 5 回路支线，支线 M1 由配电箱上端引出给这一户所有的照明灯具供电，它的具体走向是出箱后先到客厅，然后到北阳台、南卧室、卫生间、厨房，由于该支线较长，所以看图时应注意每根图线代表的导线根数以及穿管管径；支线 C1 由配电箱下端引出给所有的普通插座供电，它的具体走向是出箱后先到客厅，然后到南面的各卧室；支线 C2 由配电箱上端引出给餐厅、厨房插座供电，它的具体走向是出箱后先到餐厅，然后到厨房；支线 C3 由配电箱上端引出给盥洗室、卫生间插座供电，它的具体走向是悬出箱后先到盥洗室，然后到卫生间；支线 K1 由配电箱上端引出所有的空调插座供电，它的具体走向是出箱后先到箱上方的分线盒，再由分线盒分出两路线：一路至客厅空调插座；另一路至南面卧室各空调插座。

2. 本实例电气系统图的识读

图 5-3-6～图 5-3-9 是该商住楼三个单元组成中一个单元的电气系统图，其余单元的均与此相同。电气系统图由配电干线图、电表箱系统图和用户配电箱系统图组成。

(1) 配电干线图。配电干线图表明了该单元电能的接受和分配情况，同时也反映出了该单元内电表箱、配电箱的数量关系，如图 5-3-6 所示。

安装在底层的电表箱其文字符号为 AW，它是该单元的总配电箱，底层还设有两个用户配电箱 AL1-1、AL1-2；二至四层每层均有两台用户配电箱，它们的文字符号分别为 AL2-1～AL4-2。

进线电源引至电表箱 AW 经计量后，由电表箱 AW 引出的配电干线采用放射式连接方式，即由电表箱 AW 向每一楼层的每一台用户箱 AL 单独引出一路干线供电，配电干线回路的编号为 WLM1～WLM8。

(2) 电表箱系统图如图 5-3-7 所示。该图表明了该单元电源引入线的型号规格，电源引入线采用铜芯塑料低压电力电缆，进入建筑物穿钢管 SC80 保护。电表箱内共装设了 8 个单相电度表，每个电表由 1 个低压断路器保护。电表箱引出的导线即为室内低压配电干线，每一回路均由 3 根 16 mm 的铜芯塑料线组成，并穿线管保护，其中至一层(底层)用户配电箱 AL1-1、AL1-2 用钢管 SC32，至其余楼层的用硬塑料管 PC40。电表箱还引出了一回路楼道公共照明支线，它采用 2 根 2.5 mm 的铜芯塑料线，穿硬塑料管 PC16 沿墙或天棚暗敷设。

(3) 用户配电箱系统图分别如图 5-3-8、图 5-3-9 所示。该图表明了引至箱内的配电干线型号规格、箱内的开关电器型号规格以及由箱内引出的配电支线的型号规格。

由用户配电箱系统图可了解到(底层)用户配电箱 AL1-1、AL1-2 引出 6 回路支线，其中两回路照明支线 M1、M2 穿硬塑料管 PC16 保护；两回路普通插座支线 C1、C2 穿硬塑料管 P(20 保护；两回路空调插座支线 K1、K2 穿硬塑料管 PC225 保护。

(底层)用户配电箱 AL2-1～AL4-2 引出 5 回路支线，其中一回路照明支线 M1 穿硬塑料管 PC16 保护；三回路插座支线普通插座支线 C1、卫生间插座 C2 和厨房插座 C3 均穿硬塑料管 PC20 保护；一回路空调插座支线 K1 穿硬塑料管 PC25 保护。

思考与拓展

一、名词解释

(1) 电气施工图。

(2) 线路暗敷。

(3) 电气施工详图。

二、解答题

(1) 电气施工图的特点及其组成是什么？

(2) 电气平面图是如何形成的？用途是什么？

(3) 电气系统图主要表达的内容是什么？

(4) 电气施工图的识读方法和步骤是什么？

项 目 小 结

本项目主要介绍了建筑设备施工图，无论是水、电、气中的任意一种专业图，一般都是由设计说明、平面图、系统图、详图及主要设备材料表组成的。在图示方法上有两个主要特点：第一，建筑设备的管道或线路是设备施工图的重点，通常用单粗线绘制；第二，建筑设备施工图中的建筑图部分不是为土建施工而绘制的，而是作为建设设备的定位基准而画出的，一般用细线绘制，不画建筑细部。

为了系统地供给生产、生活、消防用水以及排除生活、生产废水而建设的一整套工程设施的图样总称为建筑给水排水施工图，简称"水施图"，一般由给水排水平面图、给水系统图、排水系统图、必要的详图和设计说明组成；建筑采暖工程通常由热源、输送管道、散热设备三个部分组成，其施工图简称"暖施图"，一般由设计说明、采暖系统平面图、系统图、详图和主要设备材料表组成，简单工程可不编制主要设备材料表；在现代装饰装修工程中，都要安装许多电气设施，其施工图简称"电施图"，其所涉及的内容往往根据建筑物不同的功能而有所不同，主要有建筑供配电、动力与照明、防雷与接地、建筑弱电等方面；用于表达不同的电气设计内容，一般由施工说明、电气平面图、电气系统图、设备布置图、控制原理图、安装接线图、详图等组成。

实训项目六　综合识图训练

测试卷 A

熟读附图"××档案馆"施工图，完成下列问题：

1. 根据建筑施工图设计说明，以下说法错误的是(　　)。

A. 本工程层数为 4 层　　　　　　B. 本工程为框架结构

C. 本工程为多层公共建筑　　　　D. 除标高外，其他尺寸以 mm 为单位

2. 本工程一层卫生间楼面的标高为(　　)m。

A. ±0.000　　　　　　　　　　　B. 3.500

C. −0.500　　　　　　　　　　　D. −0.450

3. 本工程卫生间找坡坡度为(　　)。

A. 1%　　　　　　　　　　　　　B. 2%

C. 0.5%　　　　　　　　　　　　D. 未说明

4. 本工程一层的层高是(　　)m。

A. 4.5　　　　　　　　　　　　　B. 3.6

C. 3.8　　　　　　　　　　　　　D. 4.0

5. 本工程关于屋面的说法正确的是(　　)。

A. 本工程屋面为非上人屋面　　　B. 屋面排水坡度为 3%

C. 屋面女儿墙的高度为 1 m　　　D. 本工程排水方式为有组织排水

6. 本工程中共有(　　)个无障碍坡道。

A. 1　　　　　　　　　　　　　　B. 2

C. 3　　　　　　　　　　　　　　D. 0

7. 卫生间防水工程竣工后，应进行(　　)小时蓄水检验。

A. 1　　　　　　　　　　　　　　B. 2

C. 12　　　　　　　　　　　　　 D. 24

8. 本工程的 1—1 剖面图没有剖到(　　)。

A. 楼梯间　　　　　　　　　　　B. 厕所

C. 台阶　　　　　　　　　　　　D. 档案室

9. 本工程墙体说法不正确的为(　　)。

A. 电梯井道墙体采用 200 厚实心页岩砖。

B. 外墙应在找平层中满挂光纤网或金属网

C. 本工程外墙采用 200 厚页岩空心砖，其余内墙未注明墙体材料采用 200、100 厚

D. 消火栓箱和户内配电箱留洞，洞背后用 120 厚页岩实心砖砌筑，待安装完毕后，用 1：3 水泥砂浆填实抹平。

10. 本工程雨篷为( )。

A. 钢筋混凝土雨篷　　　　　　　　B. 钢雨篷

C. 玻璃雨篷　　　　　　　　　　　D. 木结构雨篷

11. 根据结构施工图设计总说明，以下说法错误的是( )。

A. 本工程抗震设防烈度为 7 度　　　B. 抗震等级为三级

C. 建筑物耐火等级为二级　　　　　D. 地基基础的设计等级为乙级

12. 有关基础，以下说法错误的是( )。

A. 本所有基础为独立基础

B. 基础的混凝土的钢筋保护层厚度为 40 mm

C. 图中一共有 22 个独立基础

D. 所有基础均为坡型独立基础

13. 有关梁，以下说法错误的是( )。

A. 梁中的混凝土采用 C20

B. 梁的混凝土的钢筋保护层厚度为 30 mm

C. 主次梁相交的地方应在梁搭节处设置附加箍筋

D. L 表示为非框架梁

14. 梁平法施工图中的 N4Φ12，表示梁腹部( )。

A. 每侧配有 4Φ12 的构造筋　　　B. 每侧配有 2Φ12 的抗扭筋

C. 每侧配有 2Φ12 的构造筋　　　D. 每侧配 4Φ12 的抗扭筋

15. 梁钢筋搭接接头的位置为( )。

A. 下部纵筋在支座处搭接，上部纵筋在跨中 1/3 范围内搭接

B. 上部纵筋在支座处搭接，下部纵筋在跨中 1/3 范围内搭接

C. 均在支座处搭接

D. 均在跨中 1/3 范围内搭接

16. 有关框架柱，以下说法错误的是( )。

A. 当柱净高与柱截面长边尺寸之比不大于 4 为短柱

B. 本工程楼梯间框架柱被平台梁分为短柱时，柱箍筋应全高加密，间距为 100 mm

C. 框架柱的混凝土采用 C30

D. 本工程有 6 种框架柱

17. 有关板，以下说法错误的是( )。

A. 本工程所有板厚均为 120 mm

B. 本工程板厚为 120 mm 和 140 mm 两种不同厚度

C. 现浇板上有墙体时，应在板内设置附加钢筋

D. 当板底与梁底平行时，板的下部钢筋伸入梁内，并置于梁下部钢筋之上

18. 所有钢材、钢筋应有出厂合格证明或有合格实验报告单，钢筋的强度标准值应具有不小于( )的保证率。

A. 99%　　　　　　B. 95%　　　　　　C. 96%　　　　　　D. 94%

19. 工程中钢筋在最大拉力下的总伸长率实测值不应小于(　　)。

A. 9%　　　　　　B. 5%　　　　　　C. 8%　　　　　　D. 10%

20. 主次梁交接部位，在主梁设置的附加箍筋的间距应为(　　)。

A. 50 mm　　　　B. 100 mm　　　　C. 200 mm　　　　D. 图中未说明

21. 抗震设防地区有地下室的框架柱，柱根箍筋加密区范围(从基础顶算起)为(　　)。

A. $\geqslant H$，刚性地面上下各 500 mm

B. $\geqslant H_n$，刚性地面上下各 500 mm

C. $\geqslant H$，$\geqslant 500$ mm，$\geqslant h_c$

D. $\geqslant H_n$，$\geqslant 500$ mm，$\geqslant h_c$

22. 关于独立基础底部钢筋叙述正确的是(　　)。

A. 当基础某边长度不小于 2.5 m 时，双向受力钢筋的长度均可取边长的 0.9 倍，并交错布置

B. 当基础某边长度不小于 2.5 m 时，该边受力钢筋的长度可取边长的 0.9 倍，并交错布置

C. 当基础短边尺寸不小于 2.5 m 时，双向受力钢筋的长度方可取边长的 0.8 倍，并交错布置

D. 在任何情况下，受力钢筋的长度均可取边长的 0.8 倍，并交错布置

23. 当填充墙的高度大于(　　)时，在墙内应设置钢筋混凝土圈梁。

A. 4 m　　　　　　B. 5 m　　　　　　C. 8 m　　　　　　D. 层高三倍

24. 有关本工程配筋构造下列叙述正确的是(　　)。

A. 附加筋应设置在主次梁相交处的次梁上

B. 梁构造筋的锚固长度用 11 表示

C. 边柱柱顶纵筋必须采用梁筋入柱搭接的构造

D. 箍筋加密范围按四级抗震等级设置

25. 框架梁梁端设置的第一道箍筋离柱边缘的距离为(　　)。

A. 50 mm　　　　　　　　　　　B. 1 倍箍筋间距

C. 100 mm　　　　　　　　　　D. 0.5 倍箍筋间距

26. 本工程第一跑楼梯踏步宽度为(　　)mm。

A. 1400　　　　　　　　　　　B. 1300

C. 150　　　　　　　　　　　　D. 300

27. 关于本工程中的填充墙，不符合要求的是(　　)。

A. 当墙长大于 5 m 时，墙顶与梁宜有拉结

B. 当墙长超过 6 m 或层高两倍时，宜设置钢筋混凝土构造柱

C. 当墙高超过 4 m 时，墙体半高(或门洞上皮处宜设置与柱连接且沿墙全长贯通的钢筋混凝土水平系梁)

D. 楼梯间和人流通道的填充墙，应采用钢丝网砂浆面层加强

28. 当梁底与板底平齐时，关于梁、板钢筋布置叙述错误的是(　　)。

A. 板下部钢筋在支座处必须弯折且置于梁底部纵筋之上

B. 板下部钢筋伸入梁内的长度应不小于 $5d$, 并且应伸至梁中心线

C. 板下部钢筋短边方向钢筋在下, 长边方向钢筋在上

D. 板上部钢筋必须置于梁上部纵筋之上

29. 本工程屋面采用(　　)面找坡, 坡度(　　)。

A. 单, 2%　　　　　B. 双, 2%　　　　　C. 单, 1%　　　　　D. 双, 1%

30. 本工程框架柱的纵筋焊接连接不符合规范要求的是(　　)。

A. 相邻纵向钢筋接头位置宜错开, 同一截面连接的钢筋数量不宜超过总数量的 50%

B. 接头中心之间的距离不应小于 300 mm

C. 柱纵筋接头位置宜避开柱端箍筋加密区

D. 柱纵筋接头无法避开柱端箍筋加密区时纵筋应采用机械连接或焊接

31. 供日常主要交通用的楼梯的梯段宽度, 不应少于(　　)人流。

A. 一股　　　　　B. 两股　　　　　C. 三股　　　　　D. 四股

32. 建筑物屋面的防水等级分为(　　)。

A. Ⅰ、Ⅱ　　　　　　　　　B. Ⅰ、Ⅱ、Ⅲ

C. Ⅰ、Ⅱ、Ⅲ、Ⅳ　　　　　D. Ⅰ、Ⅱ、Ⅲ、Ⅳ、Ⅴ

33. 本工程主入口朝向为(　　)。

A. 正南　　　　　B. 正北　　　　　C. 东南　　　　　D. 西北

34. 本工程楼梯的梯井宽度为(　　)mm。

A. 60　　　　　B. 100　　　　　C. 120　　　　　D. 160

35. 女儿墙泛水处防水层的泛水高度不应小于(　　)mm。

A. 100　　　　　B. 150　　　　　C. 200　　　　　D. 250

36. 本工程的屋面标高为(　　)m。

A. 3.600　　　　　B. 7.200　　　　　C. 7.800　　　　　D. 10.800

37. 本工程有(　　)个防火分区。

A. 1　　　　　B. 2　　　　　C. 3　　　　　D. 4

38. 本工程屋面排水方式采用(　　)。

A. 外檐沟排水　　　　　　　B. 内檐沟排水

C. 内、外均有　　　　　　　D. 自由落水

39. 本工程建筑总高度为(　　)m。

A. 7.2　　　　　　　　　　B. 8.2

C. 7.8　　　　　　　　　　D. 9.2

40. 本工程窗的尺寸不包含(　　)。

A. 1800 × 1500　　　　　　B. 1500 × 1500

C. 800 × 600　　　　　　　D. 1500 × 1800

41. 主出入口的无障碍坡道的宽度为(　　)m。

A. 1.0　　　　　B. 1.2　　　　　C. 1.1　　　　　D. 图中未说明

42. 剖面图的剖切位置在(　　)之间, 向(　　)投影。

A. ②～③, 左　　　　　　　B. Ⓐ～Ⓔ, 左

C. ②～③, 右　　　　　　　D. Ⓐ～Ⓔ, 右

43. 在一层平面图中，1#楼梯休息平台的标高为(   )。

A. 1.950
B. 1.800
C. 3.600
D. 图中未说明

44. 基础持力层地基承载能力特征值为(   )。

A. $f_{ak} = 120$ kPa
B. $f_{ak} = 130$ kPa
C. $f_{ak} = 140$ kPa
D. $f_{ak} = 150$ kPa

45. 根据勘察报告，基础埋置深度约为(   )。

A. 1.2
B. 1.3
C. 1.5
D. 1.8

46. 主入口处台阶踏步高度为(   )mm。

A. 140
B. 150
C. 300
D. 285

47. 外墙的找平层的材质为(   )。

A. 水泥砂浆
B. 石灰砂浆
C. 细石混凝土
D. 图中未说明

48. 本工程屋面预留洞口顶部的标高为(   )m。

A. 7.200
B. 8.600
C. 7.800
D. 11.200

49. 本工程的卫生间的翻边高度大于(   )mm 高的(   )混凝土翻边。

A. 200，C20
B. 250，C15
C. 250，C20
D. 300，C15

50. 本工程的外墙厚度为(   )。

A. 240
B. 180
C. 370
D. 200

51. 卫生间的透气管与通气管应该分别高出上人屋面(   )。

A. 2200 与 2200
B. 2500 与 2000
C. 2500 与 2200
D. 3000 与 1500

52. 抹灰墙面的阳角采用(   )抹角。

A. 1：2 的水泥砂浆
B. 1：2.5 的水泥砂浆
C. 1：3 的水泥砂浆
D. 图中未说明

53. 本工程中的主出入口大厅处的门为(   )。

A. M1500×2400，成品木门

B. M1500×2100，成品木门

C. M1600×2100，钢化玻璃无框地弹簧门

D. MC7550×3000，三腔塑钢框

54. 在梁平法施工图中，标注"(−0.100)"表示(   )。

A. 梁顶面低于所在结构层基准标高 0.100 m

B. 梁底面高于所在结构层基准标高 0.100 m

C. 梁顶面低于所在层建筑标高 0.100 m

D. 梁面绝对标高为−0.100 m

55. 当填充墙的长度大于(　　)时，在墙内应设置构造柱。

A. 4 m

B. 5 m

C. 6 m

D. 7 m

56. 结施 05 中 KL1，其下部通长筋应为(　　)。

A. 2Φ20

B. 4Φ14

C. 2Φ16

D. 2Φ12

57. 对于柱平法施工图注写方式，箍筋类型是(　　)。

A. 2×2

B. 4×3

C. 4×4

D. 3×4

58. 构造柱顶部与框架梁连接做法正确的是(　　)。

A. 同时施工，连成整体

B. 柱顶与梁底结合处采用干硬性混凝土捻实

C. 柱纵筋不应伸入梁内

D. 柱顶与梁底完全脱离

59. 本工程柱箍筋加密范围的下列叙述中不符合规范要求的是(　　)。

A. 柱端加密区长度为柱截面长边尺寸(或圆柱直径)、柱净高的 1/6 和 500 mm 三者的最大值

B. 嵌固端的柱根加密区长度为不应小于柱净高的 1/5

C. 刚性地面处，取其上、下各 500 mm

D. 柱净高与柱截面高度之比不大于 4 的柱，取全高加加密

60. 本工程中基础混凝土保护层厚度为(　　)mm。

A. 30

B. 40

C. 70

D. 图中未说明

61. 本工程门厅顶板的上部钢筋为(　　)。

A. φR8@150

B. φ8@150

C. φ8@130

D. φR8@130

62. 本工程环境类别为一类的部位是(　　)。

A. 卫生间

B. 基础

C. 屋面

D. 一般楼面

63. 钢筋混凝土部位上留洞的封堵见结施砌体留洞的封堵待管道设备安装完毕后用(　　)填实。

A. C15 细石混凝土   B. C20 细石混凝土

C. 水泥砂浆   D. 碎石

64. 本工程中 M1524 的数量为( )樘。

A. 1   B. 2

C. 3   D. 0

65. 本工程中 C1524 采用的玻璃是( )。

A. 5 mm 玻璃 + 12 mm 玻璃 + 5 mm 玻璃

B. 6 mm 玻璃 + 12 mm 玻璃 + 6 mm 玻璃

C. 6 mm 玻璃 + 12 mm 空气 + 6 mm 玻璃

D. 5 mm 玻璃 + 9 mm 空气 + 5 mm 玻璃

66. 本工程东面有窗户( )个。

A. 1   B. 2

C. 3   D. 4

67. 本工程风井有( )个。

A. 4   B. 3

C. 2   D. 无风井

68. 本工程中屋面雨水管的数量为( )个。

A. 2   B. 3

C. 4   D. 5

69. 本工程中卫生间的地面采用( )。

A. 6 厚 300 × 300 防滑地砖面层

B. 原浆楼面

C. 6 厚 600 × 600 防滑地砖面层

D. 8 厚 300 × 300 防滑地砖面层

70. 主入口处台阶平台的坡度为( )。

A. 1%   B. 1.5%   C. 2%   D. 3%

71. 本工程屋面采用的防水材料是( )。

A. 防水砂浆   B. 防水混凝土

C. SBS 改性沥青防水卷材   D. APP 改性沥青防水卷材

72. 在基础标注"DJ$_\text{J}$2 h = 600 X&Y = Φ 12@120"时，表示( )。

A. 阶梯型独立基础，其阶梯高度为 600 mm，其基础底板双向钢筋均为 HPB300，间距为 120 mm

B. 阶梯型独立基础，其阶梯高度为 600 mm，其基础底板双向钢筋均为 HPB400，间距为 120 mm

C. 阶梯型独立基础，其阶梯高度为 600 mm，其基础底板双向钢筋均为 HRB400，间距为 120 mm

D. 坡型独立基础，其阶梯高度为 600 mm，其基础底板双向钢筋均为 HPB400，间距为 120 mm

73. 在本工程的建筑施工图的 1#楼梯详图和一层平面图的 1#楼梯所冲突的是( )。

A. 卫生间标高，楼地面标高

B. 找坡坡度，卫生间标高

C. 卫生间标高，楼地面标高

D. 卫生间的窗户尺寸，找坡坡度

74. 本工程中的框架梁(梁高为 h_b)梁端箍筋加密区长度为(   )的较大值。

A. $1.5h_b$ 和 500 mm　　　　　　B. $2h_b$ 和 500 mm

C. $1.5h_b$ 和 1000 mm　　　　　　D. $2h_b$ 和 1000 mm

75. 关于洞口加强筋的设置说法正确的是(   )。

A. 洞口边长不大于 300，每边需要设置 2 根加强筋

B. 洞口边长大于 300，每边需要设置 1 根 HRB335 的加强筋

C. 洞口边长不大于 300，每边需要设置 2 根 HRB335 的加强筋

D. 单向板洞口边长大于 300，上下两边需要设置 2 根 HRB335 的加强筋

76. 按照图集 16G101-1 的要求，当梁侧向构造钢筋的拉筋未注明时，以下做法不正确的是(   )。

A. 当梁宽不大于 350 mm 时，拉筋直径为 6 mm

B. 当梁宽大于 350 mm 时，拉筋直径为 8 mm

C. 拉筋间距为加密区箍筋间距的两倍

D. 拉筋间距为非加密区箍筋间距的两倍

77. 本工程 KZ5 的箍筋类型为(   )。

A. 双肢箍　　　　　　　　　　　B. 4×3

C. 4×4　　　　　　　　　　　　D. 3×4

78. 本工程 KZ5 的顶部标高为(   )。

A. 7.200　　　　　　　　　　　B. 7.800

C. 9.850　　　　　　　　　　　D. 8.600

79. 本工程中做法有误的是(   )。

A. 当梁净跨度大于 5 m 时，模板应起拱，起拱值为跨度的 0.25%

B. 当梁净跨度不小于 4 m 时，模板应起拱，起拱值为跨度的 0.1%～0.3%

C. 在浇注楼、屋面砼时，应支设临时马道，人、车在马道行走，以保证板面钢筋的准确位置，严禁踩踏上部钢筋

D. 所有悬挑构件混凝土施工过程中，待构件全部砼强度达到 100% 后方可拆模

80. 本工程中当钢筋直径(   )时，可采用绑扎连接。

A. 受压不大于 25 mm　　　　　　B. 受拉大于 28 mm

C. 受拉不大于 25 mm　　　　　　D. 受压不大于 22 mm

参考答案：

1～5. ACABD　　　6～10. ADDDC　　　11～15. DDABA　　　16～20. DABAA

21～25. DBACA　　26～30. DBDAB　　31～35. DAABD　　36～40. CAACD

41～45. BAADC　　46～50. AABCD　　51～55. AADAB　　56～60. BCABB

61～65. DABAD　　66～70. BACAB　　71～75. CAAAD　　76～80. CACAC

测试卷 B

熟读附图"××档案馆"施工图，完成下列问题：

1. 本工程南入口处台阶踏步宽度与高度尺寸分别为( )mm。
A. 300，180　　B. 300，150　　C. 300，225　　D. 300，160

2. 本工程 ±0.000 相当于( )m。
A. 绝对标高 ±0.000　　　　B. 绝对标高 3.600
C. 绝对标高 110.710　　　　D. 绝对标高 99.310

3. 本工程非承重的外围护墙厚度为( )mm。
A. 100、200　　B. 200、300　　C. 200　　　　D. 300

4. 本工程屋面排水方式采用( )。
A. 外檐沟　　　　　　　　B. 内檐沟
C. 内外檐沟均有　　　　　D. 自由落水

5. 本工程的⑬～①轴立面为( )。
A. 东立面　　B. 南立面　　　C. 西立面　　D. 北立面

6. 本工程北入口处的门为( )。
A. 铝合金门　　B. 塑钢门　　　C. 木门　　　D. 防火门

7. 下列关于轴线设置的说法正确的是( )。
A. 拉丁字母的 I、O、Z 可以用作轴线编号
B. 当字母数量不够时可增用双字母加数字注脚
C. 1 号轴线之前的附加轴线的分母应以 0A 表示
D. 通用详图中的定位轴线必须注写轴线编号

8. 屋顶构造做法中采用( )防水。
A. 卷材　　　　B. 涂膜　　　C. 防水砂浆　　D. 细石防水混凝土

9. 图中所绘的"FM 乙 1221"的开启方向为( )。
A. 单扇内开　　B. 双扇内开　　C. 单扇外开　　D. 双扇外开

10. 本工程护窗栏杆的高度为( )mm。
A. 900　　　　B. 600　　　　C. 1500　　　D. 1050

11. 本工程外立面实墙的装饰材料是( )。
A. 文化石　　　B. 面砖　　　C. 花岗岩　　D. 玻璃幕墙

12. 本工程女儿墙压顶高度为( )mm。
A. 30　　　　　B. 60　　　　C. 90　　　　D. 120

13. 外墙保温材料为( )。
A. 三元乙丙　　　　　　　B. 挤塑泡沫保温板
C. 陶粒混凝土　　　　　　D. 岩棉保温

14. 1# 楼梯第一跑梯段级数为( )。
A. 6　　　　　　B. 12　　　　C. 18　　　　D. 24

15. 本工程大会议室的层高为( )m。

A. 3.6　　　　　B. 3.9　　　　　C. 4.5　　　　　D. 4.8

16. 本工程卫生间采用( )防水。

A. 防水涂膜　　B. 卷材　　　　C. 防水砂浆　　D. 防水剂

17. 下列说法正确的为( )。

A. 本工程屋面为倒置屋面

B. 本工程二层楼面结构标高为4.170 m

C. 本工程卫生间楼地面标高设计低于相应楼地面标高

D. 本工程防潮层设置于一层地面以下 0.600 处

18. 2# 楼梯梯井宽度为( )mm。

A. 9400　　　　B. 1600　　　　C. 200　　　　　D. 未注明

19. 一层百叶窗顶标高为( )m。

A. 3.500　　　　B. 4.200　　　　C. 2.700　　　　D. 0.9

20. 四层楼层中共有( )种类型的门。

A. 2　　　　　　B. 3　　　　　　C. 4　　　　　　D. 5

21. 本工程有关屋面做法正确的是( )。

A. 结构找坡　　　　　　B. 材料找坡

C. 屋面排水坡度 1%　　D. 屋面排水坡度 3%

22. 本工程外墙饰面做法有( )种。

A. 2　　　　　　B. 3　　　　　　C. 4　　　　　　D. 5

23. 本工程屋顶构造中隔离层的做法是( )。

A. 素水泥浆一道　　　　B. 防水剂一道

C. 冷底子油一道　　　　D. 混合砂浆

24. 本工程中以下说法错误的是( )。

A. 墙体材料采用了陶粒混凝土砌块

B. 建施图中屋面标高为结构面标高

C. 屋面采用有组织排水

D. 门均为实木门

25. 二层男卫生间窗户洞口尺寸为( )(单位为 mm)。

A. 宽 1500、高 2700　　　　B. 宽 2700、高 1500

C. 宽 1500、高 1500　　　　D. 宽 2700、高 2700

26. ⑬～①轴立面图与平面不符的是( )。

A. 雨篷　　　　B. 防火挑檐　　C. 女儿墙　　　D. 三层窗

27. 下列说法不正确的是( )。

A. 建筑总平面图中应标明绝对标高　　B. 剖切符号应绘制在首层平面图

C. 构造详图比例一般为 1∶100　　　　D. 首层平面图应绘制指北针

28. 一层大厅处的层高( )mm。

A. 3600　　　　B. 4200　　　　C. 8700　　　　D. 7800

29. 本工程二至三层的层高为( )m。

A. 3.3　　　　　　B. 3.6　　　　　　C. 3.9　　　　　　D. 4.2

30. 本工程玻璃幕墙与楼板连接处的封堵材料为(　　)。

A. 岩棉　　　　　　　　　　　B. 水泥砂浆

C. 钢筋混凝土梁　　　　　　　D. 陶粒混凝土

31. ①～⑬轴立面图与平面不符的是(　　)。

A. 雨篷　　　　　B. 防火挑檐　　　　C. 入口大门　　　　D. 四层窗

32. 墙身大样③中泛水高度为(　　)mm。

A. 60　　　　　　B. 240　　　　　　C. 300　　　　　　D. 360

33. 本工程散水宽度为(　　)mm。

A. 100　　　　　　B. 600　　　　　　C. 900　　　　　　D. 1000

34. 本工程室内、外高差为(　　)mm。

A. 450　　　　　　B. 900　　　　　　C. 600　　　　　　D. 300

35. 屋面钢筋混凝土女儿墙每隔(　　)m 左右设置一道伸缩缝。

A. 12　　　　　　B. 10　　　　　　C. 8　　　　　　D. 6

36. 本工程卫生间的翻边高度大于(　　)mm 高的(　　)混凝土翻边。

A. 200，C20　　B. 250，C15　　C. 250，C20　　D. 300，C15

37. 本工程屋面防水等级设为(　　)级，防水层合理使用年限(　　)年。

A. I，5　　　　　B. II，5　　　　　C. I，15　　　　　D. II，15

38. 本工程屋面保温层为(　　)mm 厚的(　　)保温板。

A. 100，挤塑泡沫　　　　　　B. 200，聚苯乙烯塑料泡沫

C. 200，挤塑泡沫　　　　　　D. 300，聚苯乙烯塑料泡沫

39. 当钢筋直径 d 不小于(　　)mm 时，应采用机械连接接头。

A. 22　　　　　　B. 25　　　　　　C. 28　　　　　　D. 32

40. 本工程中板底筋的锚固长度要求为(　　)。

A. 伸至墙或梁中心线

B. 伸入墙或梁不应小于 $5d$，d 为受力筋直径

C. 伸至墙或梁中心线且不应小于 $5d$，d 为受力筋直径

D. 不小于 d

41. 本工程基础施工完毕后，不可采用(　　)回填基坑。

A. 砂质黏土　　　B. 灰土　　　　　C. 淤泥土　　　　D. 中粗砂

42. 本工程预埋件的锚筋应采用(　　)制作。

A. HPB300 钢筋　　　　　　　B. HRB400 钢筋

C. 冷加工钢筋　　　　　　　　D. 以上三者均可

43. 按照图纸要求"梁除详图注明外，应按施工规范起拱"，请问本工程中梁跨大于(　　)需要起拱。

A. 4 m　　　　　　B. 6 m　　　　　　C. 8 m　　　　　　D. 9 m

44. 本工程地基基础设计等级为(　　)。

A. 甲级　　　　　　B. 乙级　　　　　　C. 丙级　　　　　　D. 丁级

45. 基础平面布置图中基础表达存在问题的是(　　)。

A. DJ_P01   B. DJ_P10   C. DJ_P11   D. DJ_P13

46. 基础图中基础 DJ_P09 的底板 Y 向钢筋长度示意正确的是(　　)。

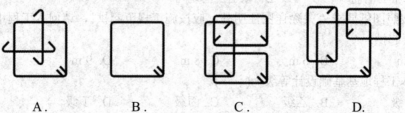

A.   B.

C.   D.

47. 对于轴线②和轴线Ⓔ相交处的基础，以下说法错误的是(　　)。

A. 基础端部高度 300 mm   B. 基础为阶梯型独立基础

C. 基础根部高度 700 mm   D. 基础底筋为双向

48. 平法施工图中的 N4⊈12，表示梁腹部(　　)。

A. 每侧配有 2⊈12 的抗扭筋   B. 每侧配有 4⊈12 的构造筋

C. 每侧配有 2⊈12 的构造筋   D. 每侧配有 4⊈12 的抗扭筋

49. 基础底板的起步筋的起步距满足图集 16G101-3 构造要求的是(　　)。

A. 100 mm   B. 200 mm   C. 50 mm   D. 75 mm

50. 当基础超挖需回填时，应分层回填并压实，压实系数应(　　)。

A. 不小于 0.94   B. 不小于 0.95

C. 不小于 0.97   D. 不小于 1.0

51. 本工程基础底板钢筋的保护层厚度不应小于(　　)。

A. 15 mm   B. 20 mm   C. 25 mm   D. 40 mm

52. 按照本工程要求，框架柱 KZ1 的箍筋形式正确的是(　　)。

A.   B.   C.   D.

53. 标高 4.120~11.320 范围内，框架柱 KZ11 的角筋连接可采用(   )。

A. 绑扎搭接　　　　　　　　B. 机械连接

C. 闪光接触对焊　　　　　　D. 电渣压力焊

54. 本工程中屋面雨水管的内径为(   )mm。

A. 100　　　　B. 110　　　　C. 50　　　　D. 150

55. 图纸会审时，要求"取消 JLQ，KZ9 改为 L 形异形柱"，修改后 KZ9 可以采用的柱截面为(   )。

A.　　　　　　B.　　　　　　C.　　　　　　D.

56. 轴线⑥交轴线Ⓔ处 KZ11，底层柱根箍筋加密区范围不应小于(   )。

A. 720 mm　　　　B. 800 mm　　　　C. 1340 mm　　　　D. 1440 mm

57. 对于轴线③交轴线Ⓔ处的 KZ8，当柱插筋在基础中锚固时，以下说法正确的是(   )。

A. 基础内柱箍筋设置应按照加密区要求

B. 基础内柱箍筋设置应按照非加密区要求

C. 基础内柱箍筋不应少于 4 道，间距不大于 200 mm

D. 基础内柱箍筋为非复合箍

58. 在 4.120 梁平法施工图中，KL22(1)梁面标高为(   )。

A. −1.410　　　　B. 2.710　　　　C. 4.120　　　　D. 6.310

59. 在 4.120 梁平法施工图中，KL19(2)中标注的"6ϕ12"，以下说法错误的是(   )。

A. 为受扭纵筋　　　　　　　B. 设置在梁两侧，每侧 3 根

C. 搭接长度不小于 15d　　　D. 锚固方式同框架梁下部纵筋

60. 本工程二层和顶层所有框架梁钢筋的混凝土保护层厚度(   )。

A. 均为 20 mm　　　　　　　B. 均为 25 mm

C. 为 20 mm 或 25 mm　　　　D. 为 20 mm、25 mm 或 28 mm

61. 在 4.120 梁平法施工图中，KL10(1)箍筋构造错误的是(   )。

A. 末端应做成 135°弯钩　　　B. 弯钩端头平直段长度 80 mm

C. 箍筋为双肢箍　　　　　　D. 梁两端的箍筋加密区范围为 900 mm

62. 在 4.120 梁平法施工图中，KL5(4)轴线Ⓔ ~ Ⓛ段跨中截面上部筋为(   )。

A. 2ϕ12　　　B. 2ϕ14　　　C. 2ϕ22　　　D. 2ϕ22 + 2ϕ12

63. 在 15.300 梁平法施工图中，梁箍筋的形式一共有(   )。

A. 双肢箍　　　　　　　　　B. 双肢箍、四肢箍

C. 双肢箍、六肢箍　　　　　D. 双肢箍、四肢箍、六肢箍

64. 在 15.300 梁平法施工图中，不符合梁钢筋净距要求的是(   )。

A. WKL11(1)　　B. WKL28(3)　　C. L17(4)　　　D. WKL6(2)

65. 在 15.300 梁平法施工图中，WKL5(4)集中标注的"2ϕ20 + (2ϕ12)"的"2ϕ12"搭接长度必须(   )。

A. 不小于 150 mm　　　　　　　　　B. 不小于 180 mm

C. 不小于 533 mm　　　　　　　　　D. 条件不足，无法计算

66. 在 15.300 梁平法施工图中，WKL12(3)在轴线⑥～⑨跨的右支座筋为(　　)。

A. 2Φ25　　　　B. 5Φ25　　　　C. 2Φ25+2Φ22　　D. 图中漏标注

67. 在 15.300 梁平法施工图中，以下说法正确的是(　　)。

A. L11(1)标注有误，应为 2 跨　　　B. L12(1)标注有误，应为 2 跨

C. L17(4)标注有误，应为 3 跨　　　D. L1(2)标注有误，应为 3 跨

68. 在 2#楼梯中，梯板 AT01 踏步高度为(　　)。

A. 130 mm　　　　B. 161.4 mm　　　　C. 300 mm　　　　D. 缺少图纸，无法确定

69. 在 2# 楼梯中，梯板 CT01 纵筋构造正确的是(　　)。

A.　　　　　　　　　　　　　　　　　B.

C.　　　　　　　　　　　　　　　　　D.

70. 对于 2# 楼梯的梯板 BT01，以下说法错误的是(　　)。

A. 梯板上部纵筋为　　　　　　　　　B. 梯板下部纵筋为

C. 梯板分布筋为　　　　　　　　　　D. 梯段宽度为 3300 mm

71. 2# 楼梯的梯板 CT01 为(　　)。

A. 四边支承单向板　　　　　　　　　B. 四边支承双向板

C. 两边支承单向板　　　　　　　　　D. 两边支承双向板

72. 对于 2#楼梯，梯板 CT01 共计有(　　)块。

A. 1　　　　B. 2　　　　C. 4　　　　D. 缺少图纸，无法确定

73. 框架梁梁端设置的第一道箍筋离柱边缘的距离为(　　)。

A. 50 mm　　　　　　　　　　　　　B. 1 倍箍筋间距

C. 100 mm　　　　　　　　　　　　D. 0.5 倍箍筋间距

74. 本工程二层的雨篷为(　　)。

A. 钢筋混凝土雨篷　　　　　　　　　B. 钢结构雨篷

C. 玻璃雨篷　　　　　　　　　　　　D. 木结构雨篷

75. 有关基础，以下说法正确的是(　　)。

A. 本所有基础为联合基础

B. 基础的混凝土的钢筋保护层厚度为 40 mm

C. 图中一共有 30 个独立基础

D. 所有基础均为阶梯独立基础

76. 当填充墙的高度大于(　　)时，在墙内应设置钢筋混凝土圈梁。

A. 4 m B. 5 m C. 8 m D. 层高三倍

77. 梁钢筋搭接接头的位置为(　　)。

A. 下部纵筋在支座处搭接，上部纵筋在跨中 1/3 范围内搭接

B. 上部纵筋在支座处搭接，下部纵筋在跨中 1/3 范围内搭接

C. 均在支座处搭接

D. 均在跨中 1/3 范围内搭接

78. 当梁底与板底平齐时，关于梁、板钢筋布置叙述错误的是(　　)。

A. 板下部钢筋在支座处必须弯折且置于梁底部纵筋之上

B. 板下部钢筋伸入梁内的长度应不小于 $5d$，并且应伸至梁中心线

C. 板下部钢筋短边方向钢筋在下，长边方向钢筋在上

D. 板上部钢筋必须置于梁上部纵筋之上

79. 供日常主要交通用的楼梯的梯段宽度，不应少于(　　)人流。

A. 一股 B. 两股 C. 三股 D. 四股

80. 本工程基础底面标高为(　　)。

A. 1.200 B. 1.500 C. −1.500 D. −1.800

参考答案：

1~5. BDCBD	6~10. ABABD	11~15. CDDBC	16~20. ACCAB
21~25. BBDDA	26~30. DCDBA	31~35. ACDBA	36~40. ADABC
41~45. CAABA	46~50. CBBDA	51~55. DABBD	56~60. CDBCD
61~65. DDDBA	66~70. ACBAD	71~75. CBABB	76~80. AADBC

附　图

附图1　建筑设计总说明一

一、工程设计的主要依据及主要设计规范

二、项目概况

三、设计范围

四、设计标高及建筑物定位

五、砌体工程

六、楼地面

七、屋面及屋面防水工程

八、室内装修

九、室外装修

十、门窗及幕墙工程

十一、防水工程

十二、电梯工程

十三、室外工程

十四、消防工程详见消防专篇（建施02）

十五、无障碍设计

十六、防鼠、防蛀措施

十七、其他说明

建筑设计总说明一详解见附图1二维码。

附图1　建筑设计总说明一

附图2　建筑设计总说明二

建筑设计总说明二包含建筑技术措施表和建筑防火设计说明。其详解见附图2二维码。

附图2　建筑技术总说明二

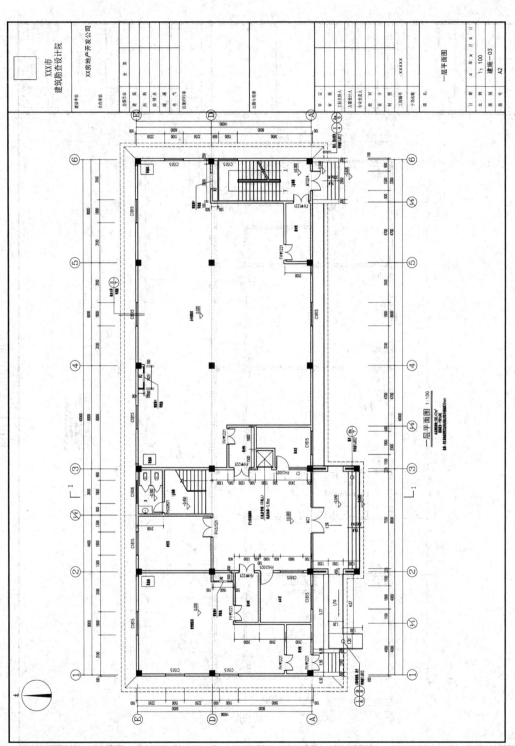

附图 3　一层平面图

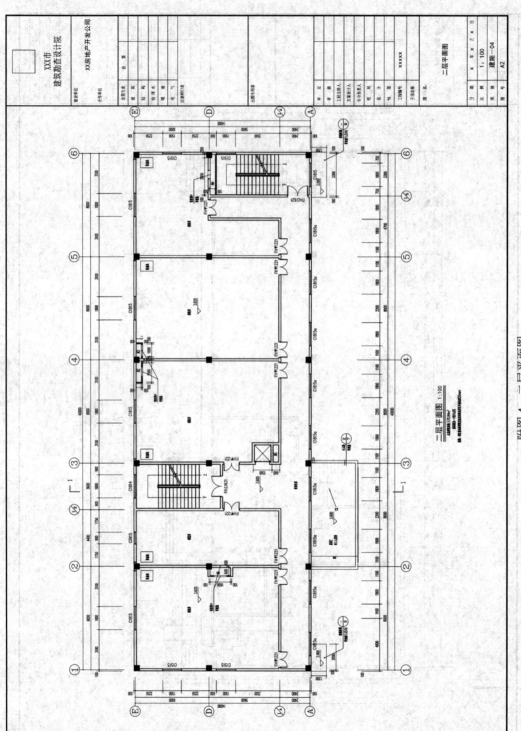

附图 4　二层平面图

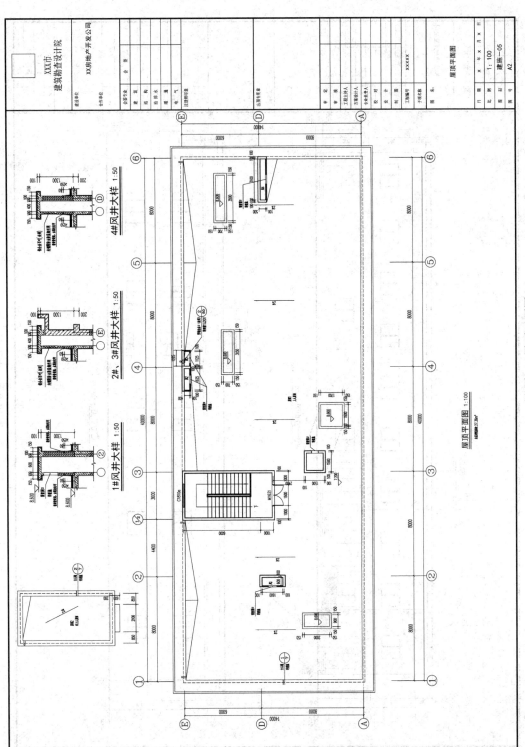

附图 5　屋顶平面图

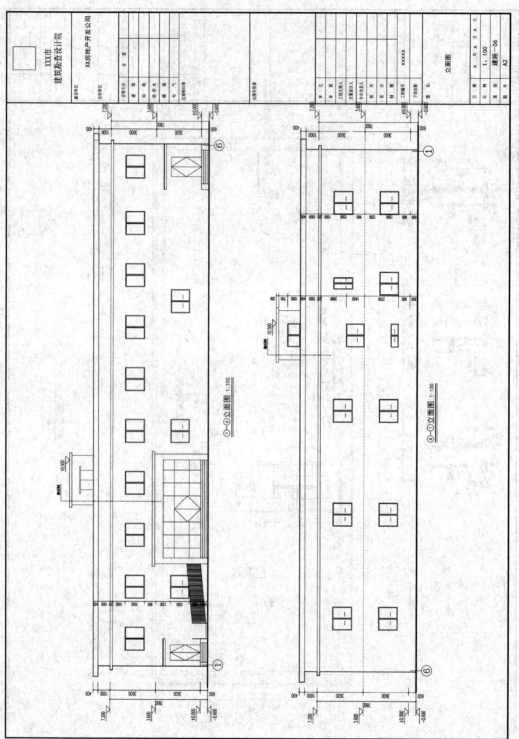

附图 6 立面图

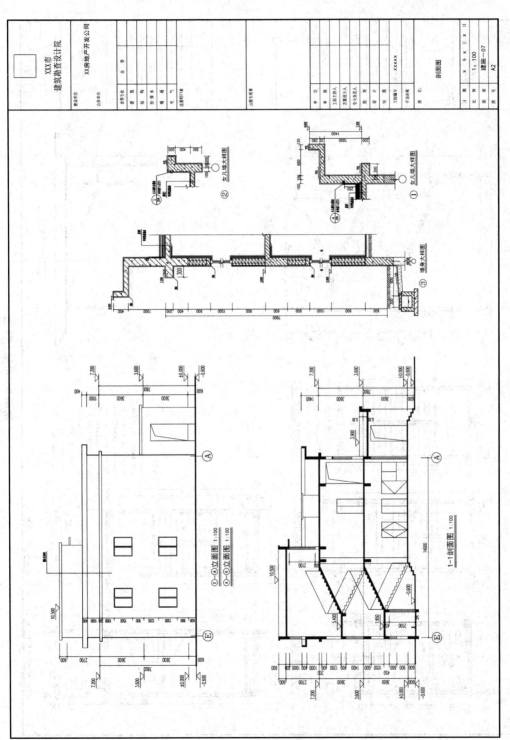

附图 7　剖面图

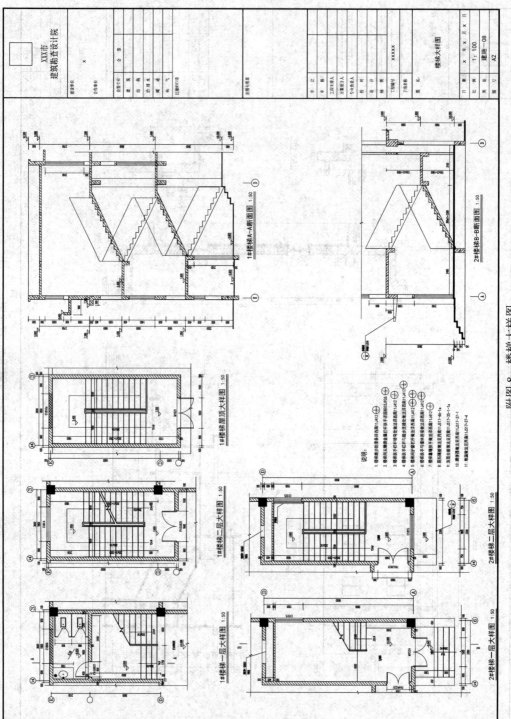

附图 8　楼梯大样图

附图9 结构设计总说明

一、设计依据

二、自然条件

三、工程概况

四、荷载标准值

五、主要结构材料

六、基础

七、钢筋混凝土工程

八、填充墙的锚拉构造及构造柱和过梁

九、其他要求

结构设计总说明详解见附图9二维码。

附图9 结构设计总说明

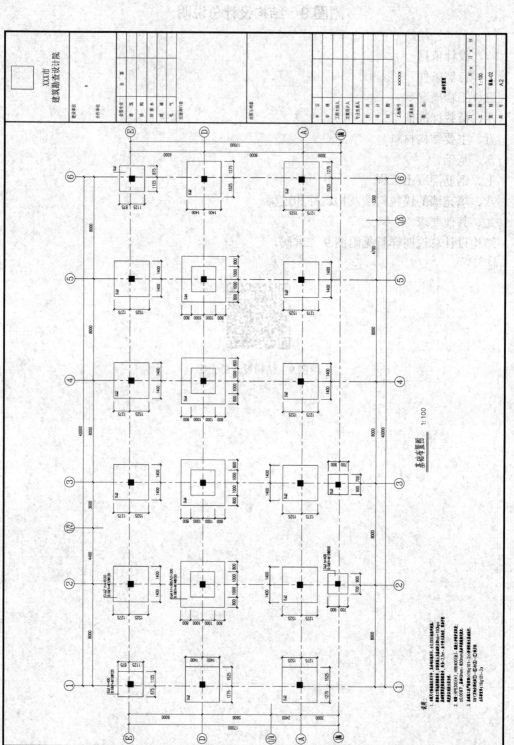

附图 10　基础布置图

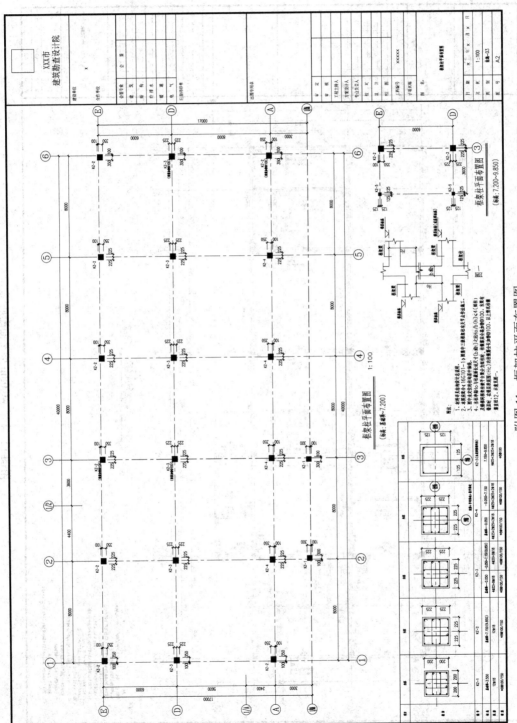

附图 11　框架柱平面布置图

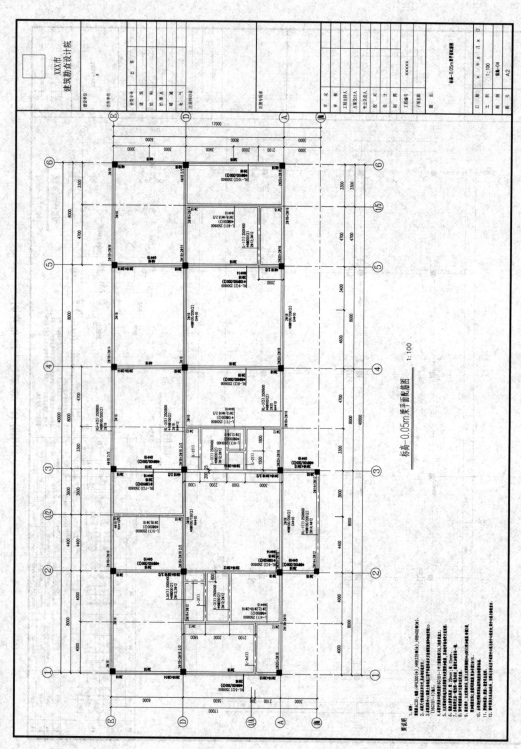

附图 12　标高-0.05m 梁平面配筋图

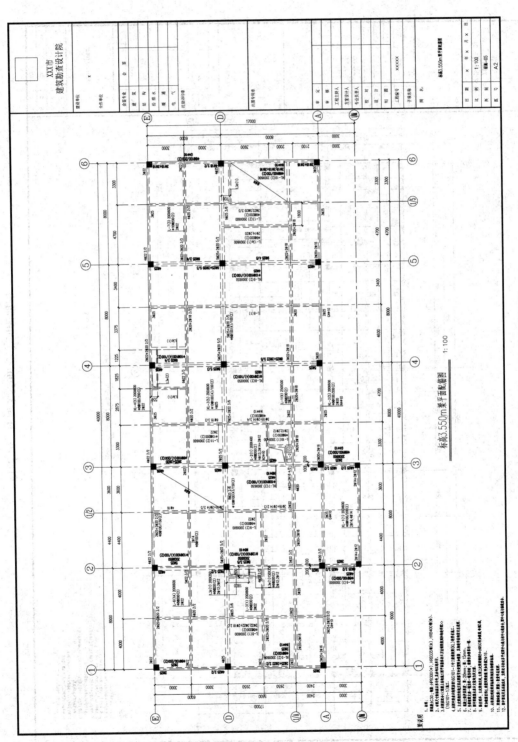

标高3.550m梁平面配筋图 1:100

附图 13　标高 3.550m 梁平面配筋图

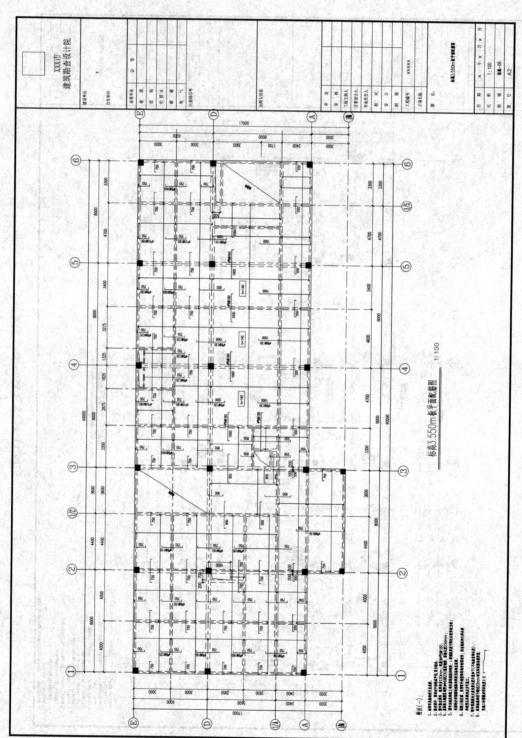

标高3.550m板平面配筋图 1:100

附图 14　标高 3.550m 板平面配筋图

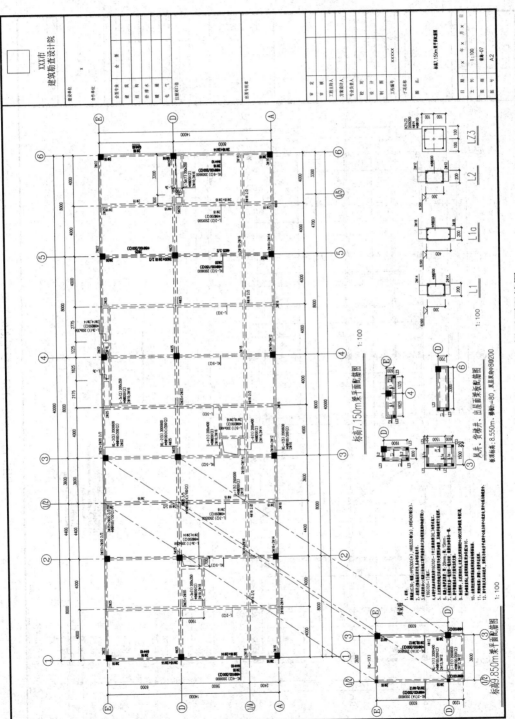

附图 15　标高 7.150 m 梁平面配筋图

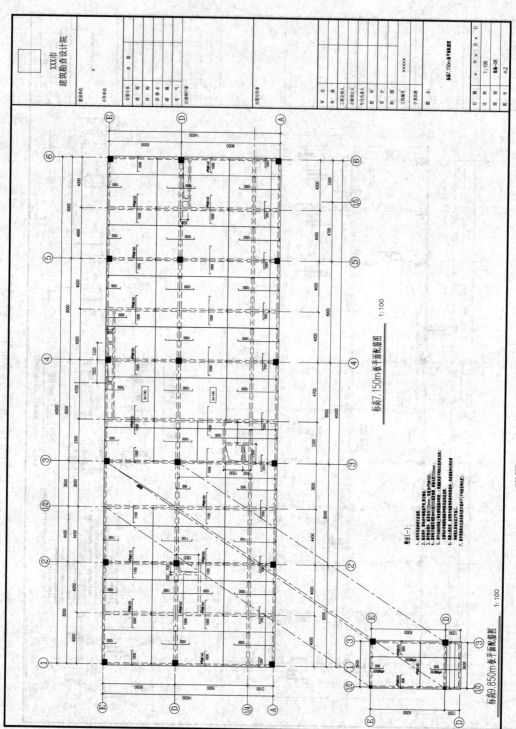

附图 16 标高 7.150 m 板平面配筋图

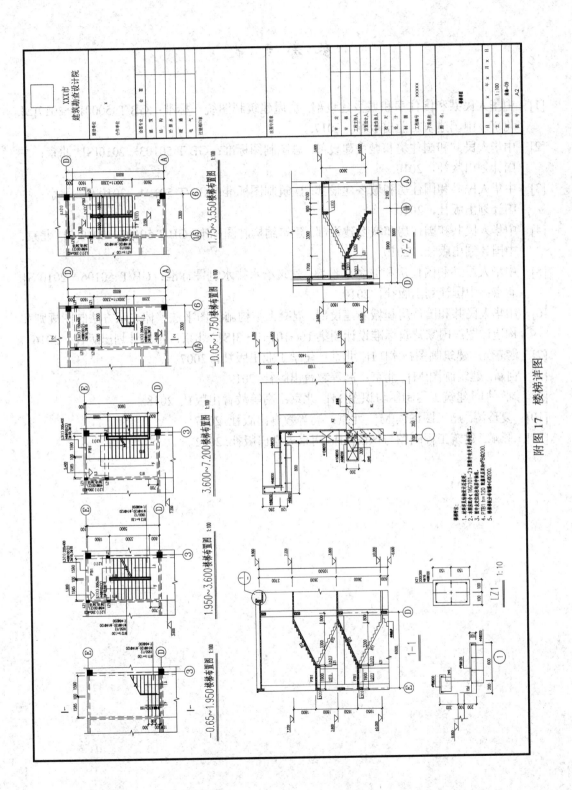

附图 17 楼梯详图

参 考 文 献

[1]　中华人民共和国住房和城乡建设部. 房屋建筑制图统一标准：GB/T 50001—2017[S]. 北京：中国建筑工业出版社，2017.

[2]　中华人民共和国住房和城乡建设部. 总图制图标准：GB/T 50103—2010[S]. 北京：中国计划出版社，2010.

[3]　中华人民共和国住房和城乡建设部. 建筑制图标准：GB/T 50104—2010[S]. 北京：中国计划出版社，2010.

[4]　中华人民共和国住房和城乡建设部. 建筑结构制图标准：GB/T 50105—2010[S]. 北京：中国计划出版社，2010.

[5]　中华人民共和国住房和城乡建设部. 建筑给水排水制图标准：GB/T 50106—2010[S]. 北京：中国计划出版社，2010.

[6]　中华人民共和国住房和城乡建设部. 混凝土结构施工图平法整体表示方法制图规则和构造详图：国家建筑标准设计图集 16G101-1～3[S]. 北京：中国计划出版社，2016.

[7]　游普元. 建筑制图技术[M]. 北京：化学工业出版社，2007.

[8]　何斌. 建筑制图[M]. 北京：高等教育出版社. 2017.

[9]　刘军旭. 建筑工程制图与识图[M]. 北京：高等教育出版社. 2018.

[10]　夏玲涛. 施工图识读[M]. 北京：高等教育出版社. 2017.

[11]　滕斌. 建筑工程制图与识图[M]. 南京大学出版社. 2012.